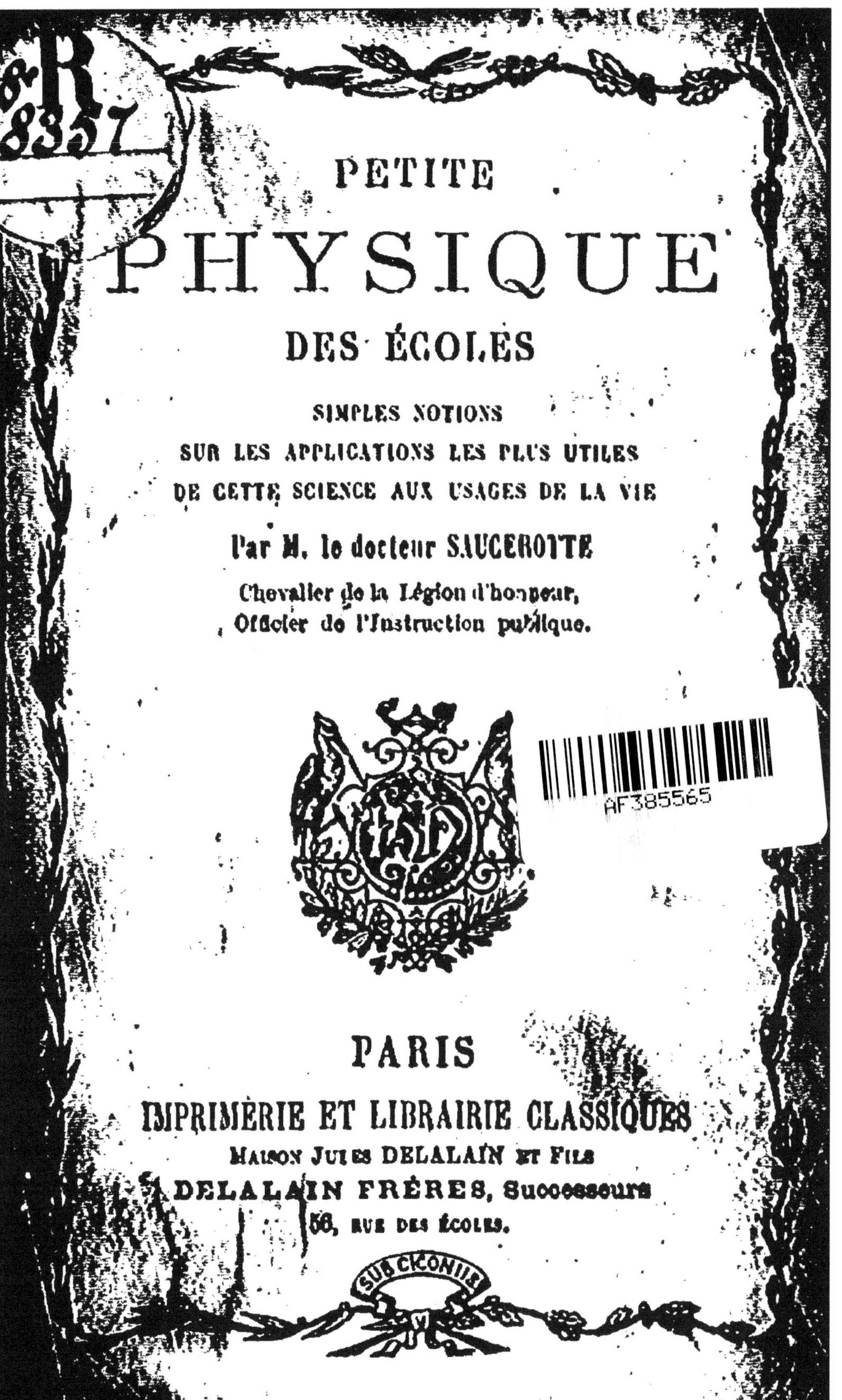

PETITE
PHYSIQUE
DES ÉCOLES

SIMPLES NOTIONS
SUR LES APPLICATIONS LES PLUS UTILES
DE CETTE SCIENCE AUX USAGES DE LA VIE

Par M. le docteur SAUCEROTTE

Chevalier de la Légion d'honneur,
Officier de l'Instruction publique.

PARIS

IMPRIMERIE ET LIBRAIRIE CLASSIQUES
MAISON JULES DELALAIN ET FILS
DELALAIN FRÈRES, Successeurs
56, RUE DES ÉCOLES.

PETITE PHYSIQUE.

PETITE
PHYSIQUE
DES ÉCOLES

SIMPLES NOTIONS
SUR LES APPLICATIONS LES PLUS UTILES
DE CETTE SCIENCE AUX USAGES DE LA VIE

Par M. le docteur SAUCEROTTE

Chevalier de la Légion d'honneur,
Officier de l'Instruction publique.

DIX-HUITIÈME ÉDITION

PARIS

IMPRIMERIE ET LIBRAIRIE CLASSIQUES
MAISON JULES DELALAIN ET FILS
DELALAIN FRÈRES, Successeurs
56, RUE DES ÉCOLES.

AVERTISSEMENT.

Les *Notions des Sciences physiques, chimiques et naturelles applicables aux usages de la vie* sont aujourd'hui au nombre des matières portées au programme de l'instruction primaire.

Toutefois nous ne possédions pas encore d'ouvrages qui répondissent à ce besoin, auquel la loi ne donnait pas alors satisfaction, lorsque je tentai de combler cette lacune en publiant d'abord la *Petite Histoire Naturelle des Écoles*. Le succès de cet ouvrage, dont plusieurs éditions s'écoulèrent rapidement, et plus encore le haut patronage que voulut bien lui accorder le Conseil de l'instruction publique, devaient m'encourager à poursuivre ma tâche : c'est ce que j'ai fait en publiant cette *Petite Physique*, la

Petite Chimie et la *Petite Cosmographie,* qui complètent les *Notions usuelles des Sciences* qu'on doit donner dans les écoles primaires.

Il m'a semblé que parmi les ouvrages élémentaires de physique publiés jusqu'à présent, il n'en est point qui soient descendus à un degré de simplicité assez grand pour être compris des élèves qui fréquentent les écoles primaires. J'ai essayé d'atteindre ce but. Qu'on y pense : le plus grand nombre des enfants est obligé de se borner à ce degré d'instruction ; le plus grand nombre ne saura toute sa vie que ce qu'il aura appris dans ces écoles.

Je répéterai ici ce que je disais ailleurs à propos de l'Histoire Naturelle : on ne demande pas à l'instituteur de faire de petits savants, mais des enfants sensés, qui puissent appliquer un jour à leurs besoins journaliers les leçons qu'ils auront reçues. Ce n'est donc pas un Traité de Physique qu'il s'agit de leur mettre entre les mains, mais quelques notions bien simples, dont ils puissent faire leur profit; quelques explications à leur portée sur les grands phénomènes de la nature, propres à dissiper des préjugés grossiers et à ouvrir leurs yeux à l'admirable spectacle que nous offre l'univers.

La table des matières montrera que, sans sortir du plan que je m'étais ainsi tracé, j'ai pu aborder, de manière à être toujours compris, c'est du moins mon espoir, les points les plus intéressants de la physique et de la météorologie.

Quelques réflexions semées dans le cours de l'ouvrage, lorsque le sujet les amenait naturellement, m'ont paru propres à faire comprendre à l'enfant combien, dans sa grandeur physique, la nature offre de grandeur morale, avec quelle éloquence elle parle à l'âme d'une Providence sage et bonne.

J'ai introduit dans les récentes éditions tous les changements et toutes les additions que nécessitaient les progrès des sciences appliquées, en laissant cependant à l'ouvrage la clarté et la concision qui doivent lui appartenir.

Malgré les figures que nous avons jointes à notre livre pour faciliter l'intelligence du texte, j'engage MM. les instituteurs à mettre leurs élèves en présence des machines ou appareils décrits, chaque fois que la chose leur sera possible; j'insiste sur cette recommandation, surtout dans l'étude des machines à vapeur.

Enfin, on trouvera dans la *Petite Chimie* et dans la *Petite Histoire Naturelle* les éclaircissements sur les termes énoncés ici sans explication.

PETITE PHYSIQUE
DES ÉCOLES.

—⚫—

INTRODUCTION.

*Ce que c'est que la Physique et ce qu'on
apprend dans ce livre.*

La nature [1] offre tous les jours à nos yeux
les merveilles les plus étonnantes et les plus
dignes de nous occuper.

Les nuages s'élèvent dans l'air et retombent en pluies, qui fertilisent nos campagnes.
— Des sources bienfaisantes s'échappent du
pied des montagnes, et vont se répandre
dans les plaines, où elles deviennent de
grands fleuves. — L'éclair brille, et le ton-

---

1. La *nature*, c'est-à-dire les choses que Dieu a
créées, et que nous voyons autour de nous : les
plaines, les montagnes, les fleuves, les mers, etc.

nerre gronde au-dessus de nos têtes. — Les vents s'élèvent dans l'air, et nous apportent tantôt la chaleur, tantôt le froid ou la pluie. — Nous jouissons des bienfaits de la lumière, du feu, de l'air. — Enfin, de quelque côté que nous portions nos regards, nous trouvons quelque merveille à admirer, quelque don de la Providence à bénir !

Toutes ces choses étaient bien faites pour exciter la curiosité des hommes : aussi ont-ils cherché de tout temps à les connaître. — On a donné le nom de *Physique*, c'est-à-dire *Étude de la Nature*, à la science qui explique les causes de ces grands phénomènes[1]. — Et l'on a appelé *Physiciens* les savants qui ont travaillé à perfectionner cette science et à la faire tourner à l'utilité de leurs semblables.

Le but de ce petit livre est de vous enseigner ce qu'il vous importe le plus de connaître dans la Physique, afin que vous puissiez en faire un jour votre profit : car la

---

1. *Phénomène*, c'est-à-dire tout ce qui nous apparaît dans la nature. Le lever du soleil, un orage, le vent, la pluie, voilà des phénomènes.

1.

science sert à beaucoup de choses dans la vie, et chaque jour on trouve quelque moyen d'utiliser ce qu'on a appris.

Ainsi, c'est la Physique qui nous explique les effets puissants de la *vapeur d'eau*, appliquée à mouvoir les machines qui roulent sur nos chemins de fer ou les navires qui fendent les mers; — les propriétés non moins merveilleuses de l'*électricité*, tantôt mettant en jeu ces ingénieux télégraphes qui transmettent nos pensées avec la rapidité de l'éclair, tantôt répandant le soir dans nos villes une clarté éblouissante. — C'est aux travaux des physiciens et des chimistes que l'on doit ces *photographies* où se trouve reproduite en quelques secondes, par l'action de la lumière, l'image fidèle des objets; — ces *ballons* qui s'élèvent à perte de vue dans les airs, où ils transportent quelquefois des voyageurs; — enfin, l'invention d'une foule d'instruments d'une utilité journalière, comme le *baromètre*, qui fournit d'utiles indications sur le temps; le *thermomètre*, qui permet d'apprécier les variations de température de l'air, etc.

Enfin, il est encore un avantage que vous

retirerez de cette étude : c'est celui d'éclairer votre esprit et de former votre cœur en étudiant les phénomènes les plus curieux de cet univers, où la puissance et la sagesse du Créateur se montrent d'une manière si éclatante!

CHAPITRE Ier.

Notions générales. — Ce qu'on appelle corps. Corps solides, liquides, gazeux. — Corps simples, corps composés. — Ce qu'on appelle propriétés des corps.

1. On appelle *corps* tout ce que l'on peut voir, sentir ou toucher. — Une pierre, un arbre, de l'eau, voilà des *corps*.

2. Les corps sont *solides*, — *liquides*, — ou *gazeux*.

On dit qu'un corps est *solide*, quand on peut le tenir et le presser entre les doigts. — Le bois, le fer, le papier, voilà des *corps solides*.

On dit qu'un corps est *liquide*, quand il est coulant, et qu'on ne peut pas le presser entre les doigts comme un corps solide. — L'eau, l'huile, le vin, voilà des *corps liquides*.

On dit qu'un corps est *gazeux*, ou que c'est un *gaz*, quand il est formé par une espèce d'air ou de vapeur si subtile, que le plus souvent on ne le voit ni on ne le sent, et qu'on ne peut ni le presser entre les doigts comme un corps solide, ni le faire couler comme un corps liquide. — L'air dans lequel nous vivons, voilà un *corps gazeux* ou formé par des gaz ; — l'espèce de fumée qui sort de la bière, et qui fait sauter le bouchon, voilà encore un gaz.

Les gaz s'appellent aussi *fluides élastiques*, parce qu'ils se dilatent, de façon à remplir toujours la cavité qui les contient, quelque grande qu'elle soit, et parce que, par la compression, on peut en réduire considérablement le volume.

3. Les corps sont aussi *simples* ou *composés*.

On dit qu'un corps est *simple*, quand il ne contient qu'une seule sorte de matière. — Le soufre, le fer, le cuivre, voilà des *corps simples*, car ils ne contiennent qu'une seule sorte de matière.

On dit qu'un corps est *composé*, quand il contient plus d'une sorte de matière. — Le bronze, voilà un *corps composé*, car il contient du cuivre mêlé avec de l'étain.

4. Les corps simples s'appellent aussi *éléments*; ils sont solides, liquides ou gazeux. La plupart des corps simples sont des métaux, tels que l'or, l'argent, le fer, le cuivre. — On en connaît aujourd'hui plus de soixante-dix. — Autrefois on n'en comptait que quatre : la *terre*, l'*eau*, le *feu*, l'*air*; on a reconnu depuis que ces prétendus éléments sont réellement des corps composés.

5. On appelle *propriétés des corps* les différentes qualités qu'ils ont, ou leurs différentes manières d'être. — La *dureté*, voilà une propriété du fer ; la *couleur blanche*, voilà une propriété de l'argent.

6. On appelle *propriétés générales* celles qui existent dans tous les corps. — Tous les corps sont pesants : la *pesanteur*, voilà donc une de leurs propriétés générales. — Tous les corps sont *impénétrables*, c'est-à-dire qu'un corps ne peut occuper la place qu'occupe un autre corps : l'*impénétrabilité*, voilà donc encore une propriété générale. — Nous allons faire connaître les propriétés générales les plus importantes.

Questionnaire.

1. Qu'est-ce qu'on appelle corps? Exemples.

2. Quand dit-on qu'un corps est solide?—Quand dit-on qu'il est liquide? —Quand dit-on qu'il est gazeux? — Exemples. – Quelle est la propriété des gaz?

3. Quand dit-on qu'un corps est simple? — Quand dit-on qu'un corps est composé?— Exemples.

4. Quel autre nom portent encore les corps simples? — Combien connaît-on aujourd'hui d'éléments?—Combien en comptait-on autrefois,et qu'est-ce qu'on a reconnu depuis?

5. Qu'appelle-t-on propriétés des corps?— Exemples.

6. Qu'appelle-t-on propriétés générales des corps?—Exemples.

CHAPITRE II.

Propriétés générales des corps. — Ce qu'on appelle divisibilité. Exemples surprenants de divisibilité. — Ce qu'on appelle impénétrabilité; explications à ce sujet.

1. Tous les corps peuvent être divisés en plusieurs parties.

Chacune de ces parties peut être divisée elle-même en parties plus petites.

Et ces parties plus petites en d'autres, infiniment plus petites.

De telle sorte qu'en continuant de diviser ainsi ces corps, on finirait par les réduire en poussière.

Mais, selon les physiciens, chacun de ces grains de poussière est lui-même formé de la réunion de parties tellement petites, qu'elles échappent à la vue.

2. On appelle *divisibilité* la propriété qu'ont les corps d'être *divisibles*, c'est-à-dire de pouvoir être divisés en parties de plus en plus petites. — On appelle *molécules* les plus petites parties dont les corps sont formés.

3. Voici des exemples de la divisibilité infinie des corps:

Un centigramme d'indigo, dissous dans 100 litres d'eau, produit une teinte bleue assez intense pour être aperçue dans toute la masse liquide. — Il ne faut au teinturier qu'une très petite quantité de couleur pour teindre toute une pièce de drap.

Un fragment de musc pesant cinq centigrammes peut pendant plus d'une année, et sans presque rien perdre de son poids, communiquer son parfum aux objets qui l'environnent.

A l'aide d'un microscope (espèce de lunette qui grossit prodigieusement les objets), on peut voir dans une goutte de vinaigre, de lait aigri, d'eau corrompue, des milliers de petits vers offrant toutes sortes de formes et s'agitant avec la plus grande rapidité. Quelle doit être la petitesse des parties qui composent leur corps! — La puissance infinie du Créateur se montre jusque dans ses plus petits ouvrages.

4. Les corps sont *impénétrables*, c'est-à-dire qu'un corps ne peut pas pénétrer dans un autre corps, ou, pour parler plus exactement, les molécules d'un corps ne peuvent pas remplir la même place que les molécules d'un autre corps.

On appelle *impénétrabilité* la propriété qu'ont les corps d'être *impénétrables.*

5. Il y a cependant des corps qui paraissent se laisser pénétrer par d'autres : par exemple, un morceau de sucre ou de craie que l'on met dans l'eau ; — le papier non

collé que l'on applique sur une page fraîche d'écriture; un clou que l'on enfonce dans du bois, etc.

Si ces corps se laissent pénétrer en apparence, c'est parce qu'ils contiennent de petits vides dans lesquels d'autres corps peuvent se loger.

Ainsi, l'eau ne prend pas la place des molécules du sucre ou de la craie, elle se loge dans les petits vides qui sont entre ces molécules. Il en est de même de l'encre dans le papier.

Le clou ne prend pas la place des molécules du bois, il les refoule, en diminuant les vides qui sont entre ces molécules.

La main qui plonge dans l'eau ne la pénètre pas, elle en déplace les molécules, qui peuvent glisser facilement les unes sur les autres.

Questionnaire.

1. Les corps peuvent-ils être divisés en parties de plus en plus petites?

2. Qu'est-ce qu'on appelle divisibilité? —

Qu'est-ce qu'on appelle molécules?

3. Citez des exemples de divisibilité des corps dans les liquides.—Que

voit-on dans certains liquides, à l'aide d'un microscope ?

4. Que veut-on faire entendre quand on dit que les corps sont impénétrables?—Qu'appelle-t-on impénétrabilité ?

5. N'y a-t-il pas des corps qui paraissent se laisser pénétrer par d'autres ? — Exemples. — Pourquoi ces corps se laissent-ils pénétrer en apparence ?—Exemples.

CHAPITRE III.

Suite des propriétés des corps. — Ce qu'on appelle porosité. Exemples curieux de la porosité. Ses applications.

1. On appelle *pores* de petits vides qui sont entre les molécules des corps, ou entre les petites particules dont ils sont formés. — Les trous qu'on voit dans une éponge, dans le liège, dans le drap qu'on regarde à travers le jour, voilà des *pores*.

2. On dit qu'un corps est *poreux* quand il contient beaucoup de pores.

La propriété qu'ont les corps d'avoir des pores s'appelle *porosité*.

3. Quand les pores sont très grands, on

les voit facilement. — Mais il est impossible de les apercevoir distinctement dans la plupart des corps, parce qu'ils sont trop petits.

4. Cependant il y a des pores dans tous les corps, même dans ceux dont les molécules sont le plus serrées. — En voici la preuve :

Des physiciens, ayant rempli d'eau une boule d'or, frappèrent sur cette boule avec un marteau, pour l'aplatir. Ils virent alors le liquide sortir au travers de l'or comme une rosée. — Or, cette eau n'avait pu sortir que par les pores du métal.

Autre preuve :

Les pierres les plus dures qu'on retire du fond de la mer sont mouillées jusque dans l'intérieur. — Or, l'eau n'aurait pas pu y pénétrer, si elle n'y avait trouvé des vides ou des pores.

5. La connaissance de la porosité s'applique utilement à plusieurs choses. — En voici un exemple :

Les fontaines filtrantes ou filtres, destinées à purifier l'eau, sont construites avec des pierres très poreuses, qui ne laissent passer que la partie la plus limpide de l'eau et la débarrassent de toutes les impuretés qui s'y trouvent.

6. Si l'on veut partager en deux parties un bloc de pierre, on y fait une entaille étroite et profonde, dans laquelle on enfonce des coins de bois tendre, séchés au feu, puis on mouille ces coins. — L'eau, en pénétrant dans les pores du bois, le gonfle, et la pierre éclate.

7. Pour courber une pièce de bois, on chauffe le côté que l'on veut courber, et l'on mouille le côté opposé. — Le côté que l'on a chauffé se rétrécit, parce que le feu en chasse l'humidité. L'autre côté, au contraire, se gonfle et s'étend, parce que l'humidité en remplit les pores; et la pièce de bois ne tarde pas à se courber.

8. Dans les chambres humides, l'humidité des murs entre dans les pores des boiseries, les gonfle et les déforme. — On évite cet inconvénient en appliquant une couche de goudron ou de vernis sur le côté qui regarde le mur.

9. Les œufs se gâtent parce que l'air pénètre à travers les pores de leurs coquilles.

— Pour les conserver frais, il faut les enduire d'une légère couche d'huile ou de graisse, qui bouche ces pores, ou bien encore les laisser tremper dans de l'eau de chaux éteinte, qui y dépose une mince croûte calcaire.

Questionnaire.

1. Qu'est-ce qu'on appelle pores? — Exemples.

2. Quand dit-on qu'un corps est poreux? — Qu'appelle-t-on porosité?

3. Les pores sont-ils toujours visibles?

4. Tous les corps contiennent-ils des pores? — Donnez-en quelques preuves tirées de l'or; — des pierres.

5. A quoi s'applique la connaissance de la porosité? — Citez des exemples tirés des fontaines filtrantes;

6. — de la manière de partager un bloc de pierre;

7. — de la manière de courber une pièce de bois;

8. — de la manière d'empêcher les boiseries de se déformer;

9. — de la manière de conserver les œufs frais.

CHAPITRE IV.

Suite des propriétés des corps. — Ce que c'est que la compressibilité. Exemples de cette propriété. — En quoi consiste l'élasticité. Exemples propres à la faire connaitre. A quels usages elle s'applique.—La trempe. — Ténacité des métaux.

1. On appelle *compressibilité* la propriété qu'ont les corps d'être *compressibles*, c'est-à-dire de diminuer de grosseur quand on les frappe ou qu'on les presse. Les corps les plus compressibles sont les gaz ; viennent ensuite les solides, puis les liquides, qui le sont le moins. — Pressez une éponge, un morceau de liège : vous les rendrez plus petits.

2. La compressibilité est même sensible dans des corps très durs.

En voici des exemples :

Les colonnes qui soutiennent les grands édifices diminuent quelquefois de hauteur par suite du poids qu'elles supportent.

En frappant à coups de marteau sur les métaux, on les diminue également en tous sens. Cette opération, qu'on appelle *écrouissage*, les rend plus durs et plus résistants.

Les figures que l'on voit sur les monnaies, sur les médailles, se font au moyen d'une machine qui laisse l'empreinte du moule en frappant d'un seul coup les disques d'or ou d'argent qu'on appelle *flans*, et qui sont destinés à former ces monnaies ou médailles.

3. La compressibilité dépend de ce que, quand on presse les corps, les pores ou vides qu'ils contiennent diminuent.

4. L'*élasticité* est la propriété qu'ont les corps d'être *élastiques*.

Les corps *élastiques* sont ceux qui reviennent d'eux-mêmes à leur première forme quand on cesse de les comprimer ou de les presser. Les gaz et les liquides sont très élastiques; les corps solides le sont inégalement.

5. Voici des exemples de cette propriété :

Un morceau de gomme élastique, qui revient sur lui-même quand on cesse de le tirer par les deux bouts;

La lame d'un sabre qui se redresse après avoir été courbée;

Une pelote qu'on lance contre un mur, et qui rebondit avec force;

Un fil qui, après avoir été tordu, se détord de lui-même.

6. Par opposition aux corps élastiques, on appelle *corps mous* ceux qui conservent la forme qu'on leur donne. — La cire, la terre à poterie, voilà des corps *mous*.

7. La connaissance de l'élasticité s'applique utilement à différents usages.

Par exemple :

C'est à l'élasticité qu'on doit les ressorts de toute espèce, les ressorts de montres et de pendules, qui en font mouvoir tous les rouages, — les ressorts de sonnettes, — les ressorts des voitures suspendues, etc.

8. On communique une grande élasticité à certains métaux au moyen de la *trempe*, opération qui consiste, pour l'acier, par exemple, à le plonger dans l'eau froide après l'avoir fortement chauffé.

On obtient une trempe plus douce en le plongeant dans des corps gras, tels que l'huile, le suif fondu. Quelquefois les métaux deviennent trop durs par la trempe : on est alors obligé de les soumettre au *recuit*, c'est-à-dire de les chauffer de nouveau en les laissant refroidir lentement.

9. La *ténacité* signifie la résistance plus ou moins grande que présentent, quand on veut les rompre, les fils formés par les différents métaux. Ainsi, pour rompre un fil de 2 millimètres de diamètre, il faut un poids de 250 kilog. s'il est en fer; de 137 kilog. s'il est en cuivre; de 10 kilog. s'il est en plomb. On dit alors que le fer est le plus tenace, le plomb le moins tenace des métaux.

Questionnaire.

1. Qu'est-ce qu'on appelle compressibilité? — Citez des exemples.

2. Cette propriété est-elle sensible dans les corps durs? — Citez des exemples.

3. De quoi dépend la compressibilité?

4. Qu'est-ce que l'élasticité? — Quels sont les corps élastiques?

5. Citez des exemples de cette propriété.

6. Qu'appelle-t-on corps mous?

7. A quoi s'applique la connaissance de l'élasticité? — Citez des exemples.

8. — Qu'est-ce que la trempe? — le recuit?

9. Qu'est-ce que la ténacité? Citez-en des exemples.

CHAPITRE V.

Suite des propriétés des corps. — Ce qu'on appelle volume des corps. — Ce que c'est que la densité. — Ce qu'on appelle dilatabilité. — Ce qu'on appelle mobilité. — Des corps durs, fragiles. — Des corps ductiles, malléables. Exemples de ces propriétés.

1. En physique, on appelle *volume* d'un corps ce que l'on nomme vulgairement sa *grosseur*.

Deux corps d'un volume égal ne contiennent pas autant de matière l'un que l'autre, si les pores de l'un sont plus grands ou plus nombreux que les pores de l'autre.

2. Plus les molécules qui composent un corps sont rapprochées les unes des autres, plus il est ce qu'on appelle *dense*.

La *densité*, ou la propriété d'être *dense*, est donc l'opposé de la porosité.

3. Quand on chauffe un corps, *il se dilate*, c'est-à-dire qu'il augmente de volume, ou grossit dans tous les sens. — Quand il se refroidit, *il se resserre*, et diminue de vo-

lume. — Exemple : les fils de fer des lignes télégraphiques qui s'allongent et se relâchent pendant l'été, et se tendent pendant l'hiver.

4. La *dilatation* est l'augmentation que les corps éprouvent par la chaleur. — La propriété de se dilater s'appelle *dilatabilité*.

Il est très important de connaître la dilatabilité des métaux, en particulier pour construire les charpentes, les toitures métalliques, les chemins de fer. Ainsi on a calculé, dans ce dernier cas, que pour une longueur de 10 kilomètres de rails l'allongement de l'hiver à l'été est de plus de 7 mètres.

5. On appelle *mobilité* la propriété qu'ont les corps de pouvoir être déplacés ou mis en mouvement.

On dit que le mouvement est *rectiligne* quand le corps en mouvement suit une ligne droite.

On dit que le mouvement est *circulaire* quand le corps, en se déplaçant, parcourt un cercle.

6. La *dureté* est la propriété qu'ont les corps de résister à l'action qui tend à les diviser. Pour apprécier le degré de dureté,

on compare les corps entre eux en essayant de les rayer les uns par les autres. — Ainsi le fer raye le marbre : donc le fer est plus dur que le marbre. — Le diamant raye tous les corps : donc le diamant est le plus dur de tous les corps.

7. Les corps qu'on appelle *fragiles* sont ceux qui se laissent briser facilement comme le verre.

Un corps peut être très dur, et cependant se laisser briser facilement : tel est le diamant.

8. On appelle *corps ductiles* ceux qui se laissent facilement tirer en fils ; — *corps malléables*, ceux qui se laissent aplatir en lames ou en feuilles très minces.

La *ductilité* est la propriété d'être ductile. — La *malléabilité* est la propriété d'être malléable.

9. Voici des exemples de ces propriétés :

Quelques métaux se laissent tirer, à l'aide d'un instrument appelé *filière*, en fils plus fins que des cheveux. — Ainsi, avec le métal blanc qu'on nomme *platine*[1] on fait des fils

1. Voir la *Petite Histoire Naturelle*, chap. III.

si fins, qu'il faut mille mètres de ces fils pour peser cinq centigrammes, et qu'on a pu en fabriquer qui n'avaient qu'un douze centième de millimètre d'épaisseur. De même, avec un gramme d'argent, poids d'une pièce de vingt centimes, on peut tirer un fil de deux mille cinq cents mètres de longueur.

Sous le marteau du batteur d'or, l'or se réduit en feuilles si minces, qu'il faut trois ou quatre mille de ces feuilles placées l'une sur l'autre, pour faire l'épaisseur d'un millimètre.

Questionnaire.

1. Qu'est-ce que les physiciens appellent le volume d'un corps? — Deux corps d'un volume égal contiennent-ils toujours autant de matière l'un que l'autre?

2. Quand dit-on qu'un corps est dense? — Qu'est la densité?

3. Qu'arrive-t-il quand on chauffe un corps? — Exemple. — Quand il se refroidit?

4. Qu'appelle-t-on dilatation? — dilatabilité? Citez-en un exemple.

5. Qu'appelle-t-on mobilité? — Quand dit-on que le mouvement est rectiligne? — circulaire?

6. Quels sont les corps qu'on appelle durs? — Exemples.

7. Quels sont les corps qu'on appelle fragiles ?

8. Qu'est-ce qu'on appelle corps ductiles ?— corps malléables ? —

Qu'est-ce que la ductilité ?— la malléabilité ?

9. Citez des exemples de ces propriétés tirés de quelques métaux.

CHAPITRE VI.

Suite des propriétés des corps. — En quoi consiste la pesanteur. — Ce que les physiciens appellent l'attraction.— Du poids des corps; en quoi il diffère de la pesanteur. — Ce qu'on appelle le poids spécifique des corps; comment on l'apprécie.

1. La *pesanteur* des corps, c'est ce qui fait que les corps tombent à terre quand on ne les soutient plus.

2. Puisque la terre où nous habitons a la forme d'un globe ou d'une boule, les corps tombent ou se précipitent tout autour de ce globe comme s'il y avait quelque chose qui les y attirât.

Les physiciens ont supposé que les corps étaient, en effet, attirés par une cause ou par une force puissante, qu'ils ont nommée l'*attraction*.

3. Ils ont démontré que cette force existe dans tous les corps de la nature : que tous sont attirés les uns vers les autres, quand ils n'en sont pas empêchés par quelque obstacle.

Par exemple, c'est l'attraction qui fait que les molécules d'un corps solide tiennent tellement les unes aux autres, qu'il faut un effort pour les séparer. Quand elle a lieu entre molécules de même nature, elle prend le nom de *cohésion*. Elle prend celui de *gravitation* quand on la considère dans les astres [1].

4. Il ne faut pas confondre la pesanteur avec le *poids*. — La *pesanteur* est la force d'attraction qui sollicite les corps à tomber, c'est-à-dire à se diriger vers le centre de la terre; tous les corps sont pesants. — Le *poids* est la somme des actions de la pesanteur sur les diverses molécules; il varie suivant la quantité de matière ou de molécules que contient un corps.

5. On estime le *poids* d'un corps par l'ef-

1. Voir la *Petite Cosmographie*, chap. II.

fort plus ou moins grand qu'il faut faire pour soulever ce corps, ou pour le soutenir et l'empêcher de tomber.

6. Si tous les corps n'ont pas le même poids, c'est parce que leurs molécules ne sont pas également serrées les unes contre les autres.

Par exemple, une balle de plomb en renferme bien plus qu'une balle de liège de même grosseur : voilà pourquoi la première pèse beaucoup plus que la seconde.

7. Le *poids spécifique* d'un corps, c'est son poids comparé à celui des autres corps. On l'appelle aussi *densité* de ce corps.

Il ne suffit pas, en effet, de connaître ce que pèse un morceau de plomb, de cuivre, de pierre; il est aussi fort important de savoir si, sous le même volume, tel métal pèse plus que tel autre métal, telle pierre plus que telle autre pierre.

8. C'est ordinairement l'eau *distillée*[1] que l'on prend pour terme de comparaison, c'est-à-dire que c'est au poids de l'eau pesée à une température de quatre

1. Voir la *Petite Chimie*, chap. III.
2.

degrés au-dessus de zéro que l'on compare celui des autres corps.

Ainsi, quand on dit : l'argent pèse *dix*, cela veut dire que l'argent pèse dix fois autant que l'eau, qui est censée peser *un*. Un centimètre cube d'eau distillée pesant 1 gramme, un centimètre cube d'argent pèsera 10 grammes. — Le bon vin pèse *quatre-vingt-dix-neuf centièmes* (ce qui s'écrit 0,99) ; cela signifie qu'il pèse *un centième* de moins que l'eau, qui est censée peser *cent centièmes* ou une unité ; qu'un litre d'eau pesant 1 000 grammes, un litre de vin pèsera 990 grammes.

9. Voici le poids spécifique ou la densité de quelques corps : le plus léger des métaux usuels, l'aluminium, pèse 2 ; le fer, l'étain et le zinc 7 ; le cuivre et le nickel 8 ; l'argent 10 ; le plomb 11 ; l'or 19 ; le plus lourd, le platine, pèse 21.

Le cristal pèse 3, le verre 2 ; les bois légers, tels que le peuplier, le sapin, etc., de 0,50 à 0,60.

L'eau distillée pèse 1 000 grammes le litre ; l'huile d'olive 915 ; l'alcool pur 792 ; l'éther 715.

Questionnaire.

1. Qu'est-ce que la pesanteur des corps?

2. De quelle manière tombent les corps, et qu'est-ce que les physiciens ont supposé?

3. L'attraction existe-t-elle partout?—Citez-en un exemple.

4. La pesanteur et le poids ne sont-ils qu'une même chose?—En quoi diffèrent-ils?

5. Comment estime-t-on le poids d'un corps?

6. Pourquoi les corps n'ont-ils pas tous le même poids?—Exemple.

7. Qu'est-ce que le poids spécifique d'un corps? — Quel autre nom lui donne-t-on?

8. A quoi compare-t-on le poids des corps? —Exemples.

9. Indiquez la densité de quelques corps solides. — Indiquez la densité de quelques corps liquides.

CHAPITRE VII.

Des machines. — Le fil à plomb. — Ce qu'on entend par équilibre, centre de gravité. Le pendule. — Le plan incliné. — Le levier· trois choses à considérer dans le levier; leviers des trois genres. De l'emploi le plus avantageux du levier.

1. La connaissance des lois de la pesanteur fournit d'utiles applications aux arts.

La direction de la pesanteur est indiquée par le fil à plomb. C'est un petit instrument simplement composé d'une ficelle, au bout de laquelle on attache un morceau de plomb (*fig.* 1). Cette ficelle, tendue par ce petit poids, indique la direction ou la ligne que suivent les corps en tombant. Cette ligne se nomme la *verticale*.

Comme cette ligne est parfaitement droite et n'incline pas plus d'un côté que de l'autre, les maçons se servent du fil à plomb pour s'assurer que les murs qu'ils élèvent ne s'écartent pas de la verticale, ne penchent pas, en un mot qu'ils sont en équilibre.

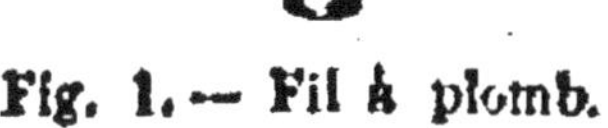

Fig. 1. — Fil à plomb.

2. Un corps est donc en équilibre quand il se maintient dans la même position, sans pencher d'un côté plus que de l'autre.

Le point où il faut soutenir un corps pour qu'il soit en équilibre correspond à ce que l'on appelle le *centre de gravité*. Cela veut dire le point où la pesanteur semble réunir ses forces pour agir sur le corps.

3. Ainsi, un homme se tenant droit, la verticale passant par son centre de gravité tombe entre ses pieds. S'il porte sur le dos un fardeau, le centre de gravité se déplace : aussi, pour garder l'équilibre, c'est-à-dire pour que son centre de gravité soit conservé, l'homme se penche en avant ; si le fardeau est en avant, l'homme se penche en arrière.

4. Le *pendule* est un instrument composé d'une tige dont l'extrémité supérieure est suspendue à un point fixe, et dont l'extrémité inférieure porte un corps pesant, auquel, dans les horloges, on donne la forme d'une lentille ou d'un disque. Quand le pendule est éloigné de la verticale, il y revient petit à petit par une suite de balancements, qu'on appelle *oscillations.* C'est le pendule qui assure la marche régulière des horloges.

5. C'est pour surmonter la résistance de la pesanteur que l'on a inventé plusieurs machines d'un usage journalier.

On emploie ces machines pour diminuer le poids des corps, pour déplacer et transporter plus facilement de lourdes masses, comme les poutres, les blocs de pierres, les gros objets en fonte, pour apprécier le poids des corps, etc. — Nous allons parler de celles qui sont le plus usitées.

6. Le *plan incliné* est tout simplement composé d'un plancher ou d'une espèce d'échelle, à laquelle on donne une pente d'autant moins forte qu'on veut diminuer la force à employer.

Comme il faut beaucoup moins de force pour déplacer un corps qui se trouve sur un plan incliné que pour le soulever en ligne droite, on se sert du plan incliné pour charger un fardeau sur un chariot ou pour le transporter sur un endroit élevé. — On l'emploie pour décharger les fardeaux lentement et sans secousses : c'est ainsi, par exemple, qu'on charge ou qu'on décharge les tonneaux de vin sur les voitures.

7. Le *levier* est un instrument ou une machine propre à soulever ou à déplacer des fardeaux.

Le levier le plus simple est une forte barre en bois ou en fer, avec laquelle on soulève les fardeaux en appuyant cet instrument contre terre. — On peut, à l'aide de ce levier, soulever des fardeaux très considérables avec très peu d'efforts, pourvu qu'il soit suffisamment long, et qu'il ait un point d'appui solide.

8. Dans toute espèce de leviers on distingue trois choses : la *puissance*, la *résistance* et le *point d'appui* ou *point fixe*.

Le *point d'appui*, c'est l'endroit où l'on appuie l'instrument pour soulever le fardeau.

La *résistance*, c'est ainsi que l'on dé-

Fig. 2. — Levier.

signe le poids du fardeau que l'on veut déplacer.

La *puissance*, c'est l'effort que fait la personne qui tient en main le levier, ou la force quelconque qui sert à entrainer le fardeau.

Ainsi, dans la figure 2, qui représente une barre de fer formant un levier, E indique le point d'appui, B la puissance, C la résistance, qui est le corps à soulever A.

9. Il y a des leviers de trois genres différents.

Dans les leviers du *premier genre* ou *interfixes*, le point *d'appui* est entre la *puissance* et la *résistance*.

La balance, voilà un levier du premier genre. — La *résistance*, c'est le corps que l'on pèse. — La *puissance*, c'est le poids que l'on met dans l'autre plateau. Le *point d'appui* se trouve entre les deux plateaux, là où le fléau appuie sur son support.

Les ciseaux, voilà encore un levier du premier *genre*. — La charnière est le *point fixe*. La puissance est la *force* que l'on applique aux anneaux pour fermer les ciseaux. — La *résistance* est le corps que l'on coupe.

Fig. 3.
Ciseaux.

10. Dans les leviers du *second genre* ou *interrésistants*, la *résistance* est au milieu, la *puissance* à l'une des extrémités, le *point d'appui* à l'autre.

La brouette est une application ingénieuse de ce genre de levier. — Le *point*

Fig. 4. — Brouette.

d'appui est au centre de la roue. — La *résistance* est le fardeau placé dans la brouette. — La *puissance* est appliquée à l'extrémité des deux bras qui servent à la soulever.

Le casse-noisette est également un levier du second genre. — Le *point d'appui* est la charnière qui unit les deux branches. — La *résistance* est représentée par la noiselle. — La *puissance* est l'effort exercé par la main à l'extrémité des branches.

11. Dans les leviers du *troisième genre* ou *interpuissants*, les moins employés, c'est la *puissance* qui est entre la *résistance* et le point d'appui.

Une pincette, voilà un levier du *troisième genre*. — L'objet que l'on saisit, voilà la *résistance*. — La main qui serre la pincette, voilà la *puissance*. — Le *point fixe* est au point de réunion des deux branches.

Fig. 5. — Pincette.

12. On appelle *bras de levier* les deux longueurs du levier jusqu'au point d'appui.

Il est d'autant plus facile de remuer un fardeau ou de surmonter la résistance, que le bras du levier dont on se sert est plus long, ou que le levier est plus long du côté de la puissance.

Questionnaire.

1. Qu'est-ce que le fil à plomb? — Qu'entend-on par verticale?

2. Que signifient les mots équilibre, centre de gravité?

3. Exemples relatifs au centre de gravité.

4. Qu'est-ce que le pendule? Quels en sont les mouvements?

5. A quoi servent les machines.

6. Qu'est-ce que le plan incliné? — Quelle en est l'utilité?

7. Qu'est-ce que le levier? — Quel est le levier le plus simple? — Quel est l'usage de ce levier?

8. Quelles sont les trois choses à distinguer dans un levier?

9. Combien y a-t-il de genres différents de leviers? — Où est le point d'appui dans les leviers du premier genre? — Exemples.

10. Où est la résistance dans les leviers du second genre? — Exemples.

11. Où est la puissance dans les leviers du troisième genre? — Exemples.

12. Qu'est-ce qu'on appelle les bras du levier? Comment doit être disposé un levier pour qu'on puisse facilement surmonter la résistance?

CHAPITRE VIII.

Suite des machines. — Les roues dentées. — Le cric. — La balance ordinaire; ce qu'il faut pour qu'elle soit juste. — La balance horizontale. — La bascule; manière de s'en servir. — Le pèse-liqueurs ou aréomètre; quel usage on en fait.

1. **Les *roues dentées*** sont garnies tout alentour de dents, qui, en s'engrenant dans les dents d'autres roues, les font marcher l'une par l'autre. — Ce sont encore des leviers sous une autre forme. — Elles ont aussi pour effet de diminuer beaucoup la résistance ou le poids du corps qu'elles doivent faire mouvoir ou élever.

2. Le ***cric*** est une machine du même genre. Le ***cric simple*** consiste en une roue dentée qui, en tournant à l'aide d'une manivelle, fait monter une tige ou crémaillère également dentée, et sur le sommet de laquelle on place le fardeau à soulever. —

Cette machine est ordinairement placée dans une forte boîte ou chape en chêne.

On augmente la puissance du cric en employant deux roues ou plus : on a alors le *cric composé.*

3. La *balance ordinaire*, avec laquelle on pèse les corps, est un levier du premier genre. Elle est composée de deux *plateaux* ou *bassins, c, d,* supportés par une barre de fer ou d'acier *ab,* qu'on nomme le *fléau.*

Fig. 6. — Balance ordinaire.

Le fléau est partagé par son *appui m* en deux parties égales, qu'on nomme les *bras* du fléau ou de la balance.

2.

4. Pour que cette balance soit juste, il faut :

Premièrement, que les plateaux se fassent équilibre, c'est-à-dire que l'un n'emporte pas l'autre, qu'ils restent à la même hauteur.

Secondement, que les bras de la balance soient de même longueur ou à égale distance du point où le fléau est soutenu.

5. A l'ancienne balance on a généralement substitué, dans le commerce de détail, la *balance horizontale ou balance de comptoir*, qui diffère de la première en ce que les bassins, au lieu d'être suspendus à des chaînettes, soient

Fig. 7.
Balance horizontale.

fixés aux deux extrémités et en dessus du fléau, à distances égales du centre.

6. La *bascule* est une autre balance qu'on emploie pour les fortes pesées dans les gares de chemin de fer et dans les maisons de commerce, etc.

L'un des bras de cette balance étant beaucoup plus long que l'autre, le poids qu'on y place soulève un fardeau beaucoup plus lourd situé à l'opposé, c'est-à-dire du côté du bras le plus court.

Fig. 8. — Bascule.

La bascule est dite au *dixième*, quand, pour peser un corps, elle est construite d'une telle façon qu'il suffit d'un poids dix fois plus faible que celui de ce corps pour obtenir l'équilibre.

7. La *balance romaine*, qui est aussi un levier du premier genre, est la plus simple

de toutes les balances. L'axe de suspension
B (*fig.* 9) est tenu à la main par l'intermé-

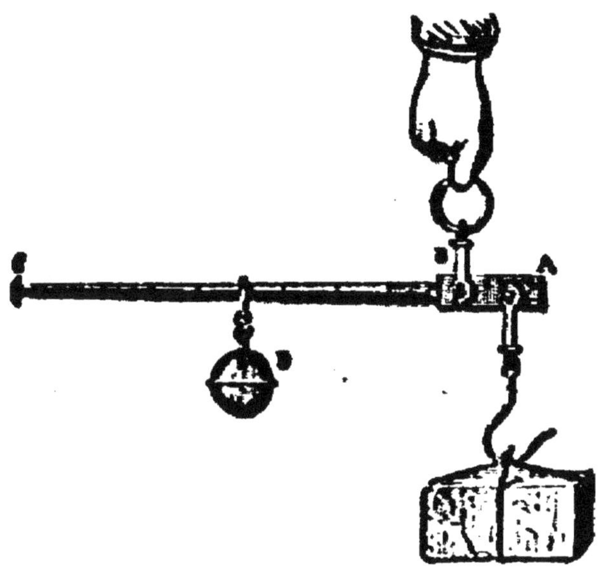

Fig. 9. — Balance romaine.

diaire d'un anneau. A l'extrémité du bras de
levier BA, dont la longueur est invariable,
est suspendu le corps à peser. Le long de
l'autre bras de levier BC, qui est gradué,
glisse un poids D. Lorsque l'équilibre est
établi, on lit sur la tige graduée le poids du
corps.

8. Le *peson* est un petit instrument avec
lequel on pèse les bottes de fourrage, etc.

Il consiste en un ressort d'acier, que le corps à peser fait ployer par son poids. Il y a des pesons plus délicats, avec lesquels on pèse les lettres. Le *dynamomètre*, instrument employé à mesurer les forces, est construit sur le même principe que le peson, et plus ou moins volumineux suivant sa destination.

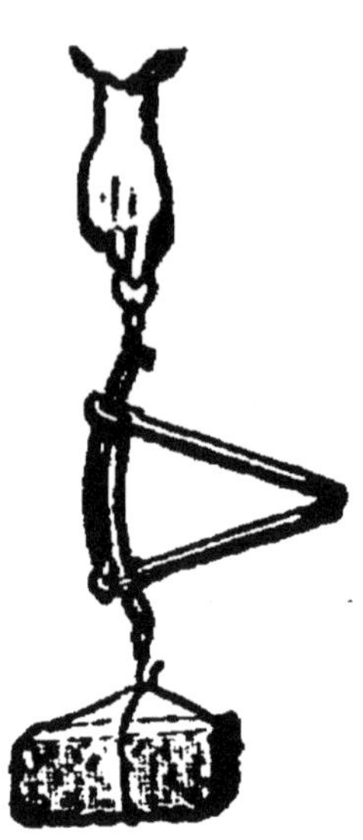

Fig. 10. — Peson.

9. On se sert du *pèse-liqueurs* ou *aréomètre* pour connaître la pesanteur spécifique des liquides. — Cet instrument est ordinairement composé d'un cylindre en verre C (*fig.* 11) contenant dans un renflement de son extrémité inférieure D un peu de mercure (vif-argent) ou de grenaille de plomb, et qui est surmonté d'une tige AB, divisée en un certain nombre de degrés.

10. L'aréomètre de Baumé, qu'on appelle aussi *pèse-sel, pèse-sirops, pèse-acides*, sert à reconnaître la quantité de sel, d'acide ou de sucre contenue dans une dissolution.

L'aréomètre *centésimal* ou *alcoolomètre*

est gradué en 100 degrés, qui indiquent de suite la quantité d'alcool contenue dans les vins, dans les eaux-de-vie, etc.

11. Pour se servir de l'aréomètre, il faut le plonger dans le liquide qu'on veut peser et voir jusqu'à quel degré il s'y enfonce.—Plus le liquide sera pesant, moins le pèse-liqueurs s'y enfoncera. — Au contraire, moins le liquide sera pesant, plus le pèse-liqueurs s'y enfoncera.

Ainsi, par exemple, si l'on emploie l'alcoolomètre centésimal, le degré auquel s'arrête l'instrument indique la quantité d'alcool pur que contient le liquide. Quand il s'enfonce jusqu'à 50 ou 80 degrés, cela veut dire que l'eau-de-vie ou l'esprit-de-vin que l'on essaye contient 50 ou 80 parties sur 100 d'alcool pur et 40 ou 20 parties d'eau seulement.

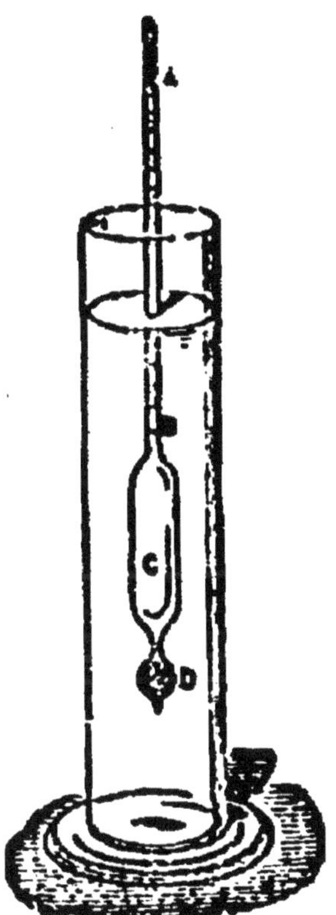

Fig. 11. — Aréomètre.

Questionnaire.

1. Comment sont faites les roues dentées ?

2. Qu'est-ce que le cric simple ou composé ?

3. De quoi est composée une balance ordinaire ?

4. Que faut-il pour qu'une balance soit juste ?

5. De quelle balance se sert-on le plus fréquemment ?

6. Qu'est-ce que la bascule ?

7. Qu'est-ce que la balance appelée balance romaine ?

8. Qu'est-ce que le peson ? — Qu'appelle-t-on dynamomètre ?

9. Comment pèse-t-on les liquides ? — De quoi est composé le pèse-liqueurs ?

10. A quoi servent l'aréomètre de Baumé et l'alcoolomètre centésimal ?

11. Comment se sert-on des aréomètres ?

CHAPITRE IX.

Suite des machines. — Le treuil. — Le cabestan. — La poulie. — La moufle. — La chèvre. — La grue. — Le mouton. — Le coin. — La vis. — La presse hydraulique. — Emploi de ces machines.

1. Le *treuil* ou *tour* est une machine composée d'un cylindre ou d'un rouleau et

d'une roue qui tournent ensemble. Cette roue et ce cylindre reposent sur des montants ou appuis placés à chaque bout. — Une corde est enroulée autour du cylindre et supporte le poids que l'on veut soulever. Pour cela, il suffit de faire tourner la roue: la corde s'enroule et entraine le poids.

Fig. 12. — Treuil.

Cette machine sert, entre autres usages, à sortir les gros blocs de pierre des carrières. — Trois ou quatre hommes occupés à faire tourner la roue d'un treuil peuvent soulever des blocs énormes. — Cette machine a d'autant plus d'effet que la roue est plus grande relativement à la grosseur du cylindre.

2. La seule différence qu'il y ait entre le treuil et le *cabestan*, c'est que dans le cabestan le cylindre est debout au lieu d'être en travers, et que la roue est remplacée par quatres barres ou leviers qui se croisent.

Fig. 13. — Cabestan.

Plus ces leviers sont longs relativement à la grosseur du cylindre, plus ils peuvent déplacer un poids considérable. — On s'en sert surtout dans les ports, sur les vaisseaux, pour hisser les ancres, pour mouvoir les mâts, etc.

3. La *poulie* est une espèce de roue en bois, percée, au milieu, d'un trou, à travers lequel passe une petite barre de fer, qu'on nomme l'*axe*.

L'axe est engagé dans un morceau de fer qui sert en quelque sorte de couvercle à la roue, et qu'on appelle une *chape*. — Le tour de la roue est creusé d'une rainure ou *gorge*, pour recevoir une corde. Cette corde

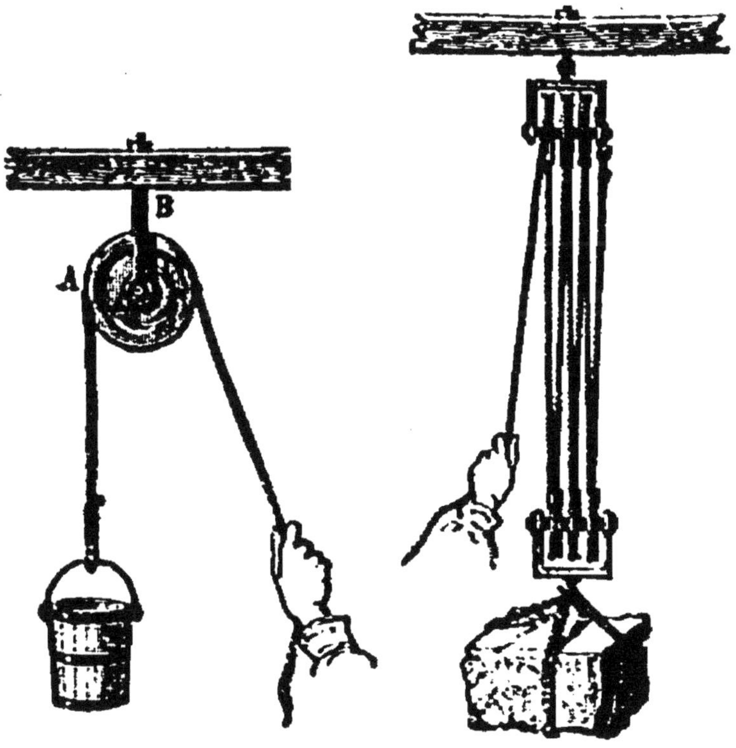

Fig. 14. — Poulie.   Fig. 15. — Moufle.

soutient par un bout le corps que l'on veut soulever, tandis qu'un homme le tire par l'autre bout. — Tantôt la chape est fixée, tantôt elle est mobile, c'est-à-dire qu'on la tourne comme on veut.

La poulie est employée pour soulever plus commodément qu'on ne pourrait le faire d'une autre manière un corps quelconque. — C'est avec cette machine qu'on tire l'eau des puits.

On appelle *moufle* un assemblage de poulies réunies dans une même chape.

A l'aide de la moufle, on peut, sans employer plus de force, soulever un fardeau plus considérable, tel qu'une poutre, de grosses pierres de taille, etc.

4. La *chèvre* se compose de la réunion d'un treuil et d'une poulie, autour de laquelle tourne une corde, qui va aussi s'enrouler autour du cylindre du treuil.

5. La *grue* est une machine qui diffère de la chèvre, en ce que la chèvre ne peut qu'élever ou descendre un fardeau, tandis que la grue peut le déplacer latéralement.

A l'aide de ces machines, on soulève de lourds fardeaux sans employer une grande force. — On s'en sert dans les carrières et dans les batiments en construction, pour soulever et déplacer les pierres; sur les ports et sur les chemins de fer, pour charger et décharger les navires et les wagons.

Fig. 15. — Chèvre.

6. Le *mouton* est une autre machine plus compliquée, qui se compose d'un cabestan et de poulies.

Il sert à soulever un poids qu'on laisse
retomber ensuite sur une pièce de bois ou
pilotis, pour l'enfoncer en terre. — On l'emploie quand il faut bâtir sur pilotis, dans
les terrains marécageux, construire les piles
d'un pont, etc.

Fig. 17. — Mouton.

7. Le coin proprement dit est un outil
de fer ou de bois, carré par un bout, tran-
chant ou pointu par l'autre. Comme il va

toujours en grossissant, il s'ensuit que plus on l'enfonce, plus il tend à écarter les corps dans lesquels on l'introduit par la force, en frappant sur le gros bout. — C'est avec cet outil que le bûcheron fend son bois.

Un *merlin*, une *hache*, un *couteau*, et, en général, tous les instruments tranchants, sont aussi des coins. — Les dents d'une *scie* sont autant de petits coins.

8. La *vis* est un cylindre de grosseur très variable, qu'entoure une sorte de sillon creusé en spirale tout autour. La vis sert avantageusement à différents usages.

On l'emploie pour presser fortement sur un corps : telles sont les *vis* que l'on voit aux étaux des serruriers; les *vis à bois*, espèces de clous qui servent à fixer les pièces de menuiserie, les serrures, etc.; la *vis sans fin*, dont l'effet est de faire tourner une roue dentée.

On appelle *pas de la vis* la distance qu'il y a entre les deux tours du *filet* ou du bourrelet de la vis. — L'*écrou* est la pièce fixe ou mobile creusée en dedans pour recevoir le pas de la vis.

9. Il y a d'autres machines plus compli-

quées, qui sont des combinaisons de celles dont nous venons de parler : tels sont les *pressoirs* et les diverses sortes de *presses* qu'on emploie pour la fabrication du vin, du cidre, des draps; dans l'imprimerie, la reliure, la papeterie, etc., machines dont la pression s'opère au moyen d'une forte vis ou d'un cylindre.

10. Dans la presse *hydraulique*, employée pour les fortes pressions, l'action s'opère par l'intermédiaire de l'eau.

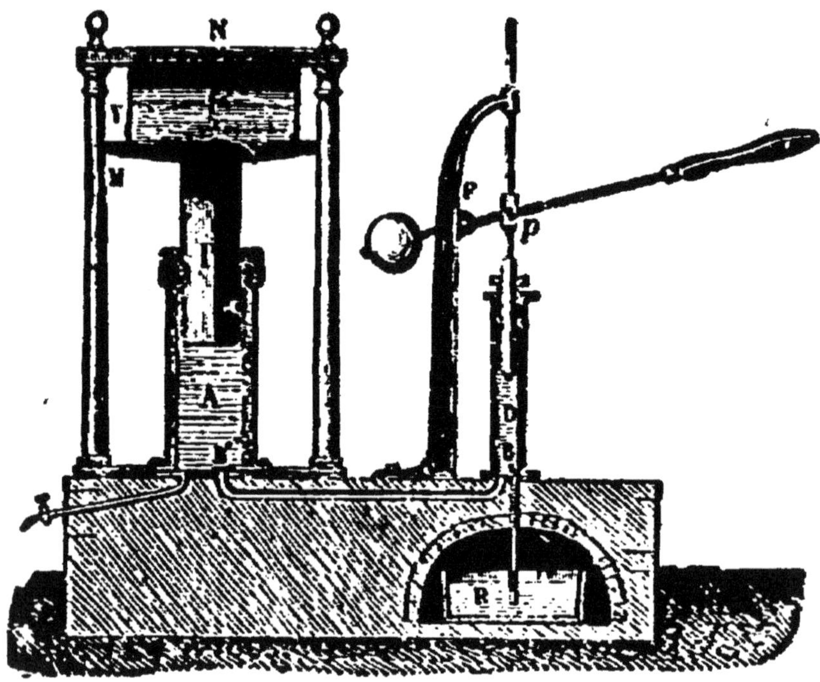

Fig. 18. — Presse hydraulique.

Cette machine se compose d'un petit cylindre D, dans lequel se meut un piston p, et qui communique avec un cylindre beaucoup plus gros A, dans lequel se meut aussi un piston P. — Si l'on appuie sur le piston p, l'eau contenue dans le cylindre D passe dans le cylindre A et soulève le piston P. Celui-ci soulève, à son tour, une forte plaque métallique M, sur laquelle on place le corps à comprimer Y, et qui se trouve pressé entre cette plaque et une autre N fixée au-dessus par des supports.

Au moyen d'une force assez faible appliquée au piston du petit cylindre, on comprime l'objet situé entre les deux plaques avec une force bien plus considérable, et qui dépend des dimensions relatives des deux pistons.

Ainsi, par exemple, si le grand piston est dix fois plus grand que le petit, la pression qu'il recevra sera dix fois plus grande que celle qui s'exerce sur ce dernier.

On emploie la presse hydraulique pour fouler les draps, satiner le papier ; extraire du suif la stéarine, avec laquelle on fait les bougies ; comprimer les balles de coton, etc.

Questionnaire.

1. Qu'est-ce que le treuil? — A quoi sert cette machine?

2. Quelle différence y a-t-il entre le treuil et le cabestan?

3. Qu'est-ce que la poulie? — Qu'est-ce qu'on appelle la moufle? — A quoi servent ces machines?

4. De quoi se compose la chèvre?

5. En quoi la grue diffère-t-elle de la chèvre?

6. Qu'est-ce que le mouton? — A quoi sert-il?

7. Qu'est-ce que le coin? — un merlin? — une hache? — un couteau?

8. Quels sont les usages de la vis? — Qu'est-ce qu'on appelle pas de la vis? — écrou?

9. N'y a-t-il pas encore d'autres machines plus compliquées?

10. Qu'est-ce que la presse hydraulique? — Expliquez-en le mécanisme.

CHAPITRE X.

Du calorique. — De la chaleur. — Du froid. — Corps chauds, corps froids. — Sources de la chaleur; le soleil. — Le feu; comment on le développe. — Applications utiles.

1. Le principe du feu ou la matière de la chaleur est attribué par les physiciens à

un fluide, c'est-à-dire à un corps extrêmement subtil, qu'on ne peut ni voir ni saisir, et qu'on appelle le *calorique*.

Ce fluide est répandu dans l'univers entier.

Il se trouve dans l'air que nous respirons, dans la terre, dans notre propre corps, comme dans ceux qui sont sur notre globe. En un mot, il est partout, parce que sans lui rien ne pourrait exister.

2. Le *froid* n'est pas, comme le calorique, un principe, un corps subtil qui existe dans la nature; — le froid, c'est tout simplement l'*absence de la chaleur*.

Les corps qu'on appelle *chauds* sont ceux dans lesquels le principe de la chaleur est le plus abondant.

Les corps qui nous paraissent *froids* n'en sont pas même totalement privés; seulement, comparés à d'autres, ils en contiennent moins.

3. La principale cause de la chaleur sur la terre que nous habitons, c'est le *soleil*.

Il y a des pays plus chauds les uns que les autres, d'abord parce que le soleil y reste plus longtemps levé, ce qui fait que la terre s'y échauffe davantage; — ensuite, parce que, le soleil y étant plus haut, ses rayons tombent d'aplomb, ce qui produit toujours plus de chaleur que quand ils nous arrivent de côté[1].

C'est pour les mêmes causes que l'on voit dans le même pays des saisons froides et des saisons chaudes. — En été, les jours sont plus longs, et le soleil plus haut qu'en hiver. On a pu utiliser la chaleur du soleil avec certains appareils, qui la concentrent, et ainsi faire bouillir de l'eau, distiller du vin, etc. Mais cette découverte est restée jusqu'ici simplement une curieuse expérience sans application pratique.

4. L'autre source principale de chaleur, c'est le *feu*, dont l'homme seul dispose. — Tous les corps ont besoin d'air pour brûler. Ils brûlent d'autant mieux qu'ils en reçoi-

1. Comme l'air devient de plus en plus froid à mesure qu'on s'élève, l'élévation du sol est une circonstance qui influe beaucoup aussi sur la température d'un pays. De deux villes placées de même par rapport au soleil. l'une est souvent, pour cette cause, beaucoup plus chaude que l'autre.

vent davantage. — Voilà pourquoi on dirige, au moyen d'un soufflet, un courant d'air sur le feu qu'on allume.

5. Au contraire, on éteint un feu de cheminée en bouchant la cheminée par le haut et par le bas, parce que, de cette manière, on empêche l'air d'y arriver. — Mais il faut pour cela que les murs soient solides, parce que les gaz et la fumée qui s'amassent dans le tuyau ont une grande force d'expansion.

6. On produit ordinairement du feu en frottant ou en choquant fortement certains corps les uns contre les autres.

Par exemple, quand *on bat le briquet* sur la pierre à fusil, on produit une étincelle, qui, recueillie sur l'amadou, donne du feu. — Quand on frotte des allumettes chimiques sur un corps raboteux, on les enflamme, parce que ces allumettes sont enduites à leur extrémité de matières inflammables (le soufre, le phosphore)[1]. Il ne faut donc les manier qu'avec précaution, en raison du danger de causer un incendie. On ne doit pas non plus les porter à la bouche,

----

1. Voir la *Petite Chimie*, chap. VIII.

parce que le phosphore qu'elles contiennent peut rendre très malade.

7. Les wagons de chemins de fer, les voitures trop chargées ou qui vont trop vite, peuvent s'enflammer par le frottement de l'essieu contre le moyeu. — Voilà pourquoi il est quelquefois nécessaire de refroidir les essieux en les arrosant d'eau froide.

Questionnaire.

1. A quoi les physiciens attribuent-ils le principe du feu ou la matière de la chaleur?— Le calorique est-il répandu partout?

2. Qu'est-ce que le froid? — Quels sont les corps qu'on appelle chauds? — ceux qu'on appelle froids?

3. Quelle est la principale cause de la chaleur sur le globe? — Pourquoi y a-t-il des pays plus chauds les uns que les autres, et, dans le même pays, des saisons froides, et des saisons chaudes?

4. Quelle est l'autre source principale de chaleur?—De quoi les corps ont-ils besoin pour brûler?—Pourquoi se sert-on du soufflet?

5. Comment éteint-on un feu de cheminée?

6. Comment produit-on le feu? — Citez des exemples.

7. Pourquoi faut-il arroser quelquefois les roues des voitures?

CHAPITRE XI.

Changements qu'éprouvent les corps par la chaleur. — Passage de l'état solide à l'état liquide et à l'état de vapeur. — Effet contraire produit par le froid.

1. La chaleur dilate les corps, c'est-à-dire qu'elle en augmente le volume dans tous les sens. Ainsi, les fils télégraphiques s'allongent en été, se raccourcissent et se tendent en hiver. Les charrons chauffent le cercle de fer qui doit entourer une roue, afin de pouvoir l'y faire entrer.

2. Le même corps peut être *solide*, *liquide* ou *gazeux*, selon la quantité de chaleur qu'il renferme.

3. Si l'on chauffe suffisamment un corps solide, ce corps *fond*, c'est-à-dire qu'il devient coulant comme un liquide. — C'est ce qu'on nomme *fusion*.

On peut faire fondre ainsi, au moyen

d'une forte chaleur, les métaux et les pierres les plus dures.

4. Si l'on atteint un degré de chaleur encore plus élevé, le corps fondu peut se réduire en fumée légère ou en *vapeurs*. — Par exemple, le soufre que l'on chauffe commence par fondre; puis, si l'on augmente la chaleur, il se réduit en vapeurs. L'eau suffisamment chauffée bouillonne et se transforme en vapeur. C'est ce qu'on nomme l'*ébullition*. Cette vapeur devient une puissante force utilisée pour faire mouvoir des machines.

Ainsi, une augmentation de chaleur peut faire fondre les corps *solides* et réduire en vapeur les corps *liquides*.

5. La diminution de la chaleur d'un corps a un effet contraire.

La *vapeur*, en se refroidissant beaucoup, finit par devenir *solide*. — Exemple : les vapeurs de l'air qui se changent en pluie.

Le *liquide* qui se refroidit peut devenir *solide*. — Les corps liquides ne deviennent pas tous solides à la même température. L'eau gèle à 0 degré du thermomètre;

l'huile se fige à 5 degrés au-dessous; le mercure devient solide à 27 degrés.

6. Tous les corps ne fondent pas à la même chaleur. Il en faut beaucoup plus pour fondre le fer que le plomb, le plomb que le soufre, le soufre que le suif. — Le beurre et le suif fondent à 33 degrés; la cire à 70, le soufre à 113, l'étain à 235, le plomb à 335, l'or à 1200, le fer à 1500, le platine à plus de 1700. Si l'on ne parvient pas à changer tous les solides en liquides et en vapeurs, c'est parce que l'on manque des moyens nécessaires pour produire une chaleur assez forte.

Pour changer tous les gaz en liquides et tous les liquides en solides, il faut arriver à produire un très grand froid, qu'il n'est pas facile d'atteindre. Toutefois, des savants viennent de démontrer, avec un appareil spécial, que tous les gaz peuvent être rendus liquides à l'aide d'un grand froid combiné avec une forte pression.

7. Si la chaleur abandonnait la terre que nous habitons, les corps liquides et gazeux y deviendraient solides.

Si, au contraire, la chaleur y devenait

beaucoup plus forte, les corps solides et liquides se réduiraient en vapeurs.

Tout est bien, tout est nécessaire dans la nature : car tout y est ordonné par une sagesse infinie.

Questionnaire.

1. Quel est l'effet de la chaleur sur les corps?

2. Le même corps peut-il être solide, liquide ou gazeux?

3. Qu'appelle-t-on fusion? — Peut-on faire fondre les corps les plus durs?

4. Qu'arrive-t-il si l'on continue à chauffer un corps fondu? — Exemple.

5. Quel est l'effet de la diminution de chaleur dans un corps? — Qu'arrive-t-il quand la vapeur se refroidit? — Qu'arrive-t-il quand un liquide se refroidit? — Exemples.

6. Indiquer le point de fusion de quelques corps. — Peut-on changer tous les solides en liquides et en vapeurs? —Pourquoi ne le peut-on pas?—Tous les gaz peuvent-ils être changés en liquides? — Pourquoi cette opération est-elle difficile?

7. Qu'arriverait-il si la chaleur abandonnait notre terre? — Si elle y devenait plus forte?

CHAPITRE XII.

De la température. — Du thermomètre. — Comment on mesure la température des corps à l'aide de cet instrument. — Manière de s'en servir.

1. On appelle *température* d'un corps la quantité de chaleur qu'il contient. — On dit que la température d'un corps est *élevée* quand il est chaud. — On dit qu'elle est *basse* quand il est froid.

2. Mais il ne suffit pas toujours de savoir qu'il fait un peu plus chaud ou un peu moins chaud; il est souvent très utile aussi de pouvoir *mesurer la chaleur*, de savoir, par exemple, quelle est la température de l'air, celle d'un bain, celle d'un four, et c'est à quoi sert le *thermomètre*.

3. Cet instrument est composé d'un petit tuyau ou tube de verre très fin, fermé aux deux bouts, et se terminant ordinairement par le bas en un petit réservoir en forme de

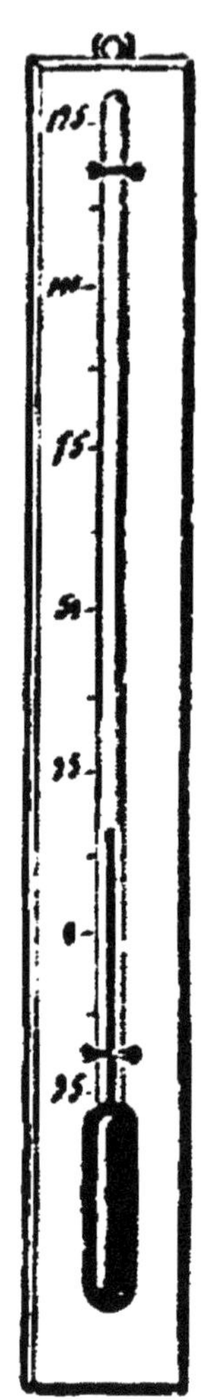

Fig. 19.
Thermomètre.

boule ou de cylindre. — Dans ce petit réservoir il y a du mercure[1], ou de l'esprit-de-vin, coloré en rouge, pour qu'on le voie mieux à travers le verre.

4. Expliquons comment ce petit instrument sert à mesurer la chaleur de l'air, comme celle des liquides dans lesquels on le plonge.

Rappelons-nous d'abord :

Que les corps se dilatent, c'est-à-dire augmentent de volume, quand ils deviennent plus chauds ;

Que, au contraire, ils se resserrent et tiennent moins de place quand ils deviennent plus froids.

Les corps liquides surtout se dilatent très facilement. — L'esprit-de-vin, le mercure notamment, sont sensibles aux

1. Voir la *Petite Histoire Naturelle*, chap. IV, et la *Petite Chimie*, chap. XVII.

moindres changements de température : voilà pourquoi l'on s'en sert de préférence dans les thermomètres.

5. Quand le thermomètre est plongé dans de la glace qui fond, l'esprit-de-vin ou le mercure se resserre, descend et s'arrête à un point fixe marqué d'un *zéro* (0) sur la planchette à laquelle est fixé l'instrument.

Quand le thermomètre est plongé dans de l'eau bouillante, l'esprit-de-vin ou le mercure se dilate, et s'élève jusqu'à une certaine hauteur, qui est indiquée, sur la planchette, par le chiffre 100.

6. L'intervalle qui sépare le zéro du chiffre 100 est partagé en cent parties ou divisions égales dans le thermomètre dit *centigrade*.

La distance d'une division à une autre indique, dans cette sorte d'échelle, ce qu'on appelle un *degré de température*. — Ainsi, les chiffres qui sont au-dessus du zéro indiquent les degrés de chaleur : pour abréger, on les fait précéder du signe +; ceux qui sont au-dessous marquent des degrés de froid : on les indique par le signe —.

Quand, par exemple, dans un thermomètre placé à l'air, l'esprit-de-vin descend à 5 degrés au-dessous de 0, on dit qu'il y a 5 degrés de froid (—5°); quand il monte à 15 degrés au-dessus de zéro, on dit qu'il y a 15 degrés de chaleur (+15°).

Les thermomètres portent habituellement quelques indications relatives à des températures dont la connaissance usuelle est nécessaire. Ainsi, ils indiquent celle des bains ordinaires à +30°; celle des serres à +20°; de l'air tempéré à +15°; celle des rivières gelées à —10°, etc.

7. L'homme a une chaleur intérieure de 37 degrés, qui lui permet de supporter des températures extrêmes à la surface de la terre. C'est ainsi que dans les régions polaires certains voyageurs ont supporté des froids de 56°. Dans le Sahara, on a constaté des chaleurs de 55° à l'ombre et de 80° au soleil.

8. Quelquefois l'échelle du thermomètre est divisée en quatre-vingts degrés, au lieu de l'être en cent. C'est ce qu'on appelle le *thermomètre Réaumur*, du nom de son inventeur. 4 degrés y représentent donc 5 degrés du thermomètre centigrade, lequel est d'un plus fréquent usage. Le thermomètre

Fahrenheit, usité chez quelques nations, a son zéro à 32 degrés au-dessous du thermomètre centigrade.

Enfin on construit des instruments qui, à l'aide d'un petit mécanisme intérieur très simple, marquent en l'absence de l'observateur les températures les plus chaudes et les froids les plus grands. Ce sont les thermomètres à *maxima* et à *minima*.

9. Il y a des thermomètres dont l'échelle dépasse 100 degrés; on les emploie dans l'étude des sciences et dans certaines industries. Avec ces thermomètres, on peut mesurer des températures qui s'élèvent au-dessus de celle de l'eau bouillante. Ceux qu'on emploie pour apprécier des températures beaucoup plus élevées encore, dans l'industrie métallurgique et dans celle des poteries, sont construits avec des corps solides et se nomment *pyromètres*.

Questionnaire.

1. Qu'appelle-t-on température d'un corps? — Que signifient ces mots: température élevée, température basse?

2. Est-il quelquefois

utile de mesurer la chaleur ?— De quoi se sert-on pour cela ?

3. De quoi le thermomètre est-il composé ?

4. Pourquoi se sert-on de préférence de mercure ou d'esprit-de-vin dans les thermomètres ?

5. Qu'arrive-t-il quand on place le thermomètre dans de la glace qui fond ? — Qu'arrive-t-il si on le place dans de l'eau bouillante ?

6. Comment divise-t-on l'intervalle qui sépare ces deux points ?— Qu'est-ce qu'on appelle un degré de température ?—Qu'est-ce qu'indiquent les chiffres tracés au-dessus de zéro? — les chiffres tracés au-dessous ? — Comment distingue-t-on les degrés de chaleur des degrés de froid ?

7. Quelle chaleur a intérieurement le corps humain ? — Quelles températures extrêmes l'homme peut-il supporter ?

8. Quelle différence y a-t-il entre le thermomètre Réaumur, le thermomètre centigrade, le thermomètre Fahrenheit?

9. Mesure-t-on les températures plus élevées que celles de l'eau bouillante ?

CHAPITRE XIII.

*De la manière dont la chaleur se communique
d'un corps à l'autre. — Ce qu'on appelle
corps bons et mauvais conducteurs de la chaleur. — Des corps qui se laissent le mieux
pénétrer par la chaleur. — Application de
ces connaissances à la manière de se vêtir,
de se chauffer, etc.*

1. La chaleur se communique d'un corps
à l'autre de deux manières :

Premièrement, quand deux corps se
touchent, ils se communiquent mutuelle-
ment leur chaleur, et cet échange continue
jusqu'à ce qu'ils soient tous deux à la même
température. — C'est ce qu'on nomme l'*é-
quilibre* de température.

Celui qui est plus chaud en donne plus
qu'il n'en reçoit : voilà pourquoi il se refroidit.

Celui qui est moins chaud en donne
moins qu'il n'en reçoit : voilà pourquoi il
s'échauffe.

Secondement, les corps cèdent de la chaleur non seulement aux corps qui les touchent, mais encore ils en lancent dans tous les sens et tout autour d'eux, comme le soleil lance des rayons de lumière. — C'est ce qu'on appelle le *rayonnement* de la chaleur.

2. On appelle *corps bons conducteurs* de la chaleur ceux dans l'intérieur desquels la chaleur se répand très vite ; — *corps mauvais conducteurs* de la chaleur ceux dans l'intérieur desquels elle se répand très lentement.

Par exemple, on peut tenir entre les doigts un charbon tout près du point où il brûle : le charbon est donc un mauvais conducteur de la chaleur. — Si, au contraire, on met le bout d'une barre de fer dans un brasier, bientôt elle s'échauffera tellement à l'autre bout, qu'on ne pourra plus la tenir entre les doigts : le fer est donc un *bon* conducteur de la chaleur.

Voici une liste de corps rangés dans leur ordre de conductibilité, c'est-à-dire en commençant par les meilleurs conducteurs et en finissant par les plus mauvais : l'argent, le cuivre, l'or, le zinc, l'étain, le fer, le plomb, le marbre, la porcelaine, la brique. Le charbon, la paille, la laine, sont mauvais conducteurs.

Pour conserver de la glace en été, on l'entoure de charbon pilé, parce que le charbon ne se laisse pas traverser par l'air chaud du dehors. — Mais la glace fondrait plus vite si on l'enfermait dans un vase de cuivre ou de tout autre métal, parce que tous les métaux sont *bons conducteurs* de la chaleur, et qu'ils laisseraient passer celle de l'air.

3. Il y a des corps qui se laissent *pénétrer* par la chaleur : on les appelle *corps absorbants*.

Il en est d'autres qui la *réfléchissent*, c'est-à-dire la renvoient sans s'en laisser pénétrer.

Par exemple, les corps polis, comme les métaux, ou ceux de couleur claire renvoient la chaleur et ne s'en laissent pas pénétrer facilement. —Au contraire, les objets ternes, rugueux ou d'une couleur sombre, se laissent pénétrer en peu de temps par la chaleur.

Les corps les plus absorbants qui se laissent pénétrer dans le moins de temps par la chaleur, sont aussi ceux qui la dégagent ou l'émettent le plus facilement.

Ainsi, l'eau s'échauffera bien plus vite dans une cafetière terne, noircie, que dans une cafetière blanche et polie. — Un poêle en terre brute et de couleur sombre donnera plus de chaleur qu'un autre en terre vernissée de teinte claire

4. Placez sur la neige un petit morceau de drap *blanc* et un pareil morceau de drap *noir :* la neige fondra sous ce dernier aux rayons du soleil : elle ne fondra pas sous l'autre.

C'est ainsi que dans quelques pays on répand de la terre noire sur la neige pour la faire fondre plus vite.

5. Les vêtements noirs ou d'une couleur sombre sont *chauds* en été, parce qu'ils se pénètrent de la chaleur du soleil; — *froids* en hiver, parce qu'ils ne retiennent pas la chaleur du corps.

Au contraire, les vêtements blancs ou de couleur claire sont *frais* en été, parce qu'ils réfléchissent la lumière du soleil, au lieu de s'en laisser pénétrer; — *chauds* en hiver, parce qu'ils ne laissent pas échapper la chaleur du corps.

Ainsi, il n'y a rien de mieux pour travailler à la campagne, pendant l'ardeur du soleil, qu'une coiffure blanche et un vêtement de couleur claire. — Voilà pourquoi, dans les pays chauds, on fait porter à nos soldats des coiffures blanches quand ils sont en campagne.

Questionnaire.

1. Comment la chaleur se communique-t-elle d'un corps à l'autre? — Comment se communique-t-elle dans deux corps qui se touchent? — Comment se communique-t-elle entre les corps qui ne se touchent pas?

2. Qu'est-ce qu'on appelle corps bons conducteurs, corps mauvais conducteurs de la chaleur? — Citez quelques exemples. — Comment conserve-t-on de la glace en été?

3. Tous les corps se laissent-ils pénétrer également par la chaleur? — Citez des exemples.

4. Qu'arrive-t-il quand on place sur la neige un morceau de drap blanc et un autre de drap noir? — Comment fait-on fondre la neige dans certains pays?

5. Quelle différence y a-t-il entre les vêtements noirs et les vêtements blancs?

CHAPITRE XIV.

De l'eau. — Des différentes formes sous lesquelles nous la voyons. — De la glace et de ses propriétés. — Effet de la neige sur les plantes, sur les sources. — Comment se forment les sources?

1. Jetons les yeux sur tout ce qui nous entoure : nous verrons qu'en toutes choses le Créateur a proportionné l'abondance à l'utilité. — Il n'est rien de plus abondant dans la nature que l'eau : est-il rien de plus utile?

« Celui qui nous a donné de l'eau, dit Fénelon, l'a distribuée sur toute la terre, comme les canaux d'un jardin, pour y porter la fertilité. Elle désaltère non seulement les hommes et les animaux, mais encore les campagnes. Sans elle, la surface de la terre serait sèche et stérile. »

2. Nous trouvons l'eau sous trois formes différentes : *solide, liquide, en vapeurs.*

3.

Quand elle est *solide*, on la nomme *glace, neige, gelée blanche* ou *givre*.

Quand elle est *liquide*, c'est l'eau proprement dite : *eau de pluie, eau de rivière, eau de mer*.

Quand elle est *en vapeurs*, elle est tantôt *visible*, et forme les nuages, le brouillard, la vapeur qui se dégage au-dessus d'une chaudière ; tantôt *invisible*, alors elle produit simplement l'humidité de l'air.

3. L'eau devient *solide* ou se change en glace quand elle perd une grande partie de sa chaleur.

4. La glace est plus légère que l'eau : voilà pourquoi elle est toujours au-dessus.

Fig. 20. — Une bombe de grande épaisseur, bien pleine d'eau et exactement fermée, peut éclater quand on l'expose à l'air par une froide journée d'hiver.

Elle prend plus de place que l'eau liquide, et la force avec laquelle elle écarte les obstacles qui lui résistent est si grande qu'elle fait crever les tuyaux de fontaine, fendre les pierres qui renferment quelque humidité, et qu'on appelle pour cela *pierres gélives*.

5. Quand elle a été formée par un froid vif, elle devient d'une très grande dureté et peut acquérir une épaisseur considérable. C'est ainsi que nos étangs et nos rivières gèlent en hiver. — C'est au point qu'on a pu, pendant un hiver rigoureux, construire à Saint-Pétersbourg, en Russie, un palais de glace, qui avait 7 mètres de haut, et 17 de large. On tailla même avec de la glace des canons, qui, sans éclater, lancèrent des boulets d'un gros calibre. — Cependant il n'est pas prudent de s'aventurer sur la glace qui n'a pas une épaisseur suffisante : il lui faut 5 centimètres au moins pour porter un homme; 30 centimètres pour supporter des voitures.

6. Quand on est resté longtemps à un grand froid, on est quelquefois exposé à voir quelqu'une des parties du corps geler ; ce qu'on reconnaît à ce qu'elle devient

blanche comme de la cire. — Si, dans un cas semblable, on s'empressait d'approcher du feu la partie gelée, on pourrait la faire tomber en gangrène. Il faut, au contraire, commencer par la frotter avec de la neige, et, quand elle a repris sa couleur naturelle, ne la réchauffer que peu à peu avec de l'eau de plus en plus tiède.

7. Quand la neige tombe abondamment, elle préserve les plantes de la gelée, parce qu'elle l'empêche de pénétrer profondément dans la terre.

La neige mouille plus la terre que la pluie, parce qu'elle ne répand pas autant de vapeurs. — Aussi, dans les années où il tombe beaucoup de neige, les sources sont plus abondantes qu'à l'ordinaire.

8. Les sources, en effet, ont leurs réservoirs dans le sein des montagnes, et ces réservoirs sont alimentés par les neiges qui couvrent le sommet des plus élevées, par les pluies qui tombent plus fréquemment sur les hauteurs que dans les plaines. Ces pluies filtrent à travers le sol jusqu'à ce que, rencontrant un terrain imperméable, elles forment des bassins ou réservoirs. Les eaux de

ces réservoirs pénètrent dans les fentes du

Fig. 21. — Les neiges qui tombent au sommet des montagnes glissent peu à peu le long de leurs flancs et constituent les *glaciers.*

terrain, et s'échappent au dehors, dèsqu'elles trouvent une issue.

La chimie nous fait connaître la composition de l'eau en général, les propriétés de l'eau de mer, des eaux douces, des eaux minérales, et les substances diverses que ces eaux contiennent[1].

Questionnaire.

1. Quelles sont les réflexions morales que font naître l'abondance et l'utilité de l'eau sur la terre? — Citez ce que dit Fénelon.

2. Sous combien de formes voit-on l'eau? — Comment la nomme-t-on quand elle est solide? — quand elle est liquide? — quand elle est en vapeurs?

3. Quand l'eau devient-elle solide?

4. Pourquoi la glace reste-t-elle au-dessus de l'eau? — Occupe-t-elle beaucoup de place, et sa force est-elle bien grande?

5. Peut-elle devenir bien dure et acquérir une grande épaisseur?

6. Si l'on est resté longtemps exposé à un grand froid, que peut-il en résulter? — Que convient-il de faire pour remédier à un pareil accident?

7. Quel effet la neige produit-elle sur les plantes? — Pourquoi la neige mouille-t-elle plus la terre que la pluie?

8. Comment se forment les sources?

1. Voir la *Petite Chimie*, chap. III.

CHAPITRE XV.

Ce qu'on appelle le niveau des liquides. — De l'instrument qu'on nomme niveau d'eau. — De la conduite des eaux. — Des puits artésiens. — Des jets d'eau. — Emploi de l'eau dans les machines. — De la capillarité.

1. Les liquides se mettent généralement de *niveau*, c'est-à-dire qu'ils s'élèvent partout à la même hauteur et tendent toujours à remonter autant qu'ils sont descendus.

Par exemple, si l'on verse de l'eau dans un vase qui communique avec un autre au moyen d'un tuyau, on voit l'eau monter exactement à la même hauteur dans les deux vases, quand même ils seraient de grosseur différente.

2. C'est d'après ce principe que l'on a construit l'instrument nommé *niveau d'eau*, dont les arpenteurs se servent pour niveler, c'est-à-dire pour mesurer la différence de hauteur de deux points voisins, ou succes-

sivement les différences de hauteurs de lieux plus ou moins éloignés.

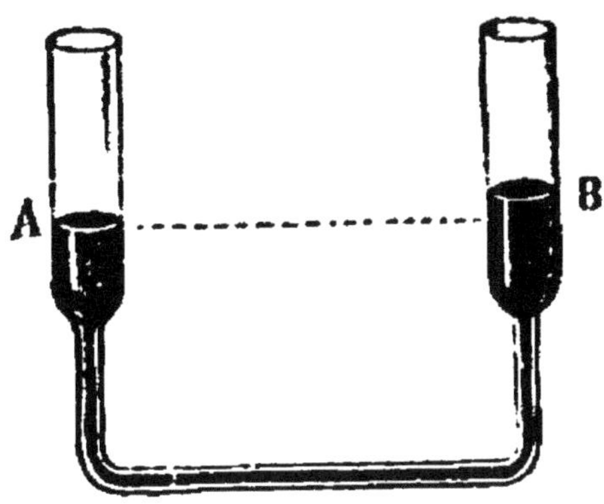

Fig. 22. — Niveau d'eau.

Il se compose de deux tubes en verre contenant de l'eau colorée A, B, et communiquant entre eux par un tube de métal. Le tout est supporté par un pied posant sur le sol. — On est certain que le sol ne penche pas plus d'un côté que de l'autre, si l'eau est à la même hauteur dans les deux branches A, B.

Dans le *niveau à bulle d'air*, que l'on emploie pour les moindres surfaces, comme un billard, un marbre de cheminée, etc., le tube plein d'eau contient une petite bulle d'air *m n*, qui occupe le milieu de ce tube quand il est parfaitement horizontal, c'est-à-dire quand il n'est incliné ni d'un côté ni de l'autre.

Fig. 23. — Niveau à bulle d'air.

3. La connaissance de cette propriété des liquides est fort utile dans la conduite des eaux.

Ainsi, si l'on veut conduire l'eau d'une montagne qui possède une source sur une autre qui n'en a pas, il s'agit simplement d'établir des tuyaux de communication entre ces deux montagnes, et l'eau, s'écoulant à travers ces tuyaux, s'élèvera sur la seconde montagne à la hauteur du bassin qui existe dans la première.

4. C'est par le même principe que l'on distribue l'eau dans les divers quartiers d'une grande ville, à l'aide de tuyaux cachés sous le pavé des rues, et d'où elle remonte dans les fontaines. — De même, pour faire monter de l'eau aux différents étages des maisons d'une ville par des tuyaux, il suffit d'élever le réservoir commun qui la contient

à la hauteur où l'on veut qu'elle arrive dans les habitations.

5. C'est d'après le même procédé, imité de la nature, que l'on construit dans les jardins ces beaux jets d'eau qui s'élèvent à de grandes hauteurs sous la forme de colonnes, de gerbes, etc.

6. C'est encore par la même raison que les sources situées au pied des montagnes jaillissent naturellement du sein de la terre. — Ces sources proviennent des bassins ou réservoirs plus élevés, dont l'eau, filtrant à travers les fentes des terrains, cherche à reprendre son niveau et s'échappe dès qu'elle trouve une issue.

7. Il y a même des terrains où, lorsqu'on perce le sol à une grande profondeur, l'eau jaillit d'elle-même en abondance et peut s'élever à une très grande hauteur (50 mètres et plus).

8. Les eaux de ces puits, dits *artésiens*[1], viennent de bassins ou réservoirs élevés; coulant à travers les fentes du sol, elles s'amassent quand elles rencontrent des cou-

1. On les nomme *puits artésiens*, parce qu'ils ont été creusés pour la première fois dans l'Artois.

ches qu'elles ne peuvent pas traverser, et forment ainsi des nappes d'eau considérables à une certaine profondeur.

9. Si l'on perce le sol au-dessus de l'une de ces nappes d'eau avec la sonde du mineur (espèce de tarière ajoutée à l'extrémité d'une tige de fer), cette eau, cherchant à reprendre le niveau qu'elle a dans le bassin

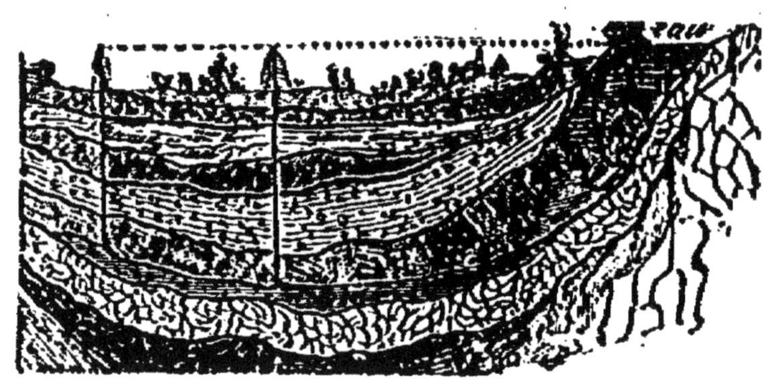

Fig. 21.

d'où elle provient, remonte dans le trou que l'on a percé aussi haut qu'elle est descendue, et forme ainsi un jet d'eau.

Le trou, qui n'est que de quelques centimètres de largeur, a souvent 500 mètres et plus de profondeur. On y introduit une série de tuyaux pour donner issue à l'eau. — L'eau des puits artésiens a des qualités différentes, suivant la nature des couches minérales d'où elle provient, et elle est plus ou moins chaude suivant la profondeur de ces couches.

10. L'eau, en tombant d'une grande hauteur ou en coulant avec une grande vitesse, acquiert une grande force; cette force est utilisée dans l'industrie. — C'est ainsi que l'eau des torrents, des rivières et des fleuves est employée journellement à faire marcher non seulement des moulins, mais un grand nombre d'usines de tous genres.

11. On a remarqué que dans des tubes très fins, et qu'on appelle *capillaires*, c'est-à-dire comparables à des cheveux, les liquides montent au-dessus de leur niveau. — Si l'on remplit d'eau un de ces petits tubes, et qu'on le plonge dans un vase également rempli d'eau, cette eau restera plus élevée dans le tube que dans le vase.

On appelle *capillarité* la propriété qu'ont les liquides de s'élever dans les tubes capillaires au-dessus de leur niveau. — C'est par la capillarité que l'huile monte dans les mèches de lampes, etc.

Questionnaire.

1. Que veut-on faire entendre quand on dit que les liquides se mettent naturellement de niveau? — Citez un exemple.

2. Quel est l'instrument que l'on a construit d'après ce principe? — De quoi se compose-t-il? — Qu'est-ce que le niveau à bulle d'air?

3. A quoi s'applique la connaissance de cette propriété des liquides? — Citez des exemples tirés de l'art de conduire l'eau d'une montagne sur une autre.

4. Exemples tirés de l'art de distribuer l'eau dans les quartiers d'une ville; — de faire monter l'eau aux différents étages d'une maison.

5. Des jets d'eau.

6. Expliquez comment les sources jaillissent du sein de la terre, et d'où elles proviennent.

7. Que voit-on dans quelques terrains, lorsque l'on perce le sol à une certaine profondeur? — Et qu'est-ce qui a donné l'idée des puits dits artésiens?

8. D'où provient l'eau de ces puits?

9. Qu'arrive-t-il si l'on perce le sol avec la sonde du mineur? — Quelles sont les qualités de l'eau des puits artésiens?

10. L'eau n'est-elle pas employée à faire mouvoir des machines?

11. Qu'arrive-t-il quand les liquides montent dans des tubes très fins? — Qu'appelle-t-on capillarité?

CHAPITRE XVI.

De la vapeur. — Manière dont elle se forme. L'ébullition et l'évaporation. — Chaleur de l'eau bouillante. — Ce que c'est que l'évaporation lente. — Circonstances dans lesquelles l'évaporation a lieu, et causes qui l'augmentent. — Du refroidissement qu'elle produit. — Mélanges réfrigérants.

1. On appelle *vapeur* cette fumée légère qui s'élève au-dessus des liquides, et qui devient surtout visible quand ces liquides sont exposés à une forte chaleur.

2. La vapeur se forme de deux manières : par *ébullition*, c'est-à-dire quand le liquide bout ; — par *évaporation lente*, c'est-à-dire quand il répand des vapeurs visibles ou invisibles.

3. Quand l'eau placée sur le feu atteint 100 degrés de chaleur au thermomètre centigrade, elle bout et dégage de la vapeur.

Tous les liquides ne commencent pas à bouillir au même degré de température. — Par exemple, tandis qu'il faut pour cela à l'eau 100 degrés de chaleur, il n'en faut que 79 à l'esprit-de-vin.

On peut, pour certains usages industriels, élever le degré d'ébullition de l'eau en y faisant dissoudre certains sels. Ainsi, l'eau, saturée de sel ordinaire, bout à 108 ; de nitre, à 116 ; de carbonate de potasse, à 133 ; de chlorure de calcium, à 170 degrés [1].

4. La vapeur provient encore, avons-nous dit, de l'évaporation lente, c'est-à-dire de la propriété qu'ont les liquides de répandre des vapeurs visibles ou invisibles à toutes les températures.

Par exemple, l'eau s'évapore, c'est-à-dire laisse échapper des vapeurs, même dans un air froid. — Voilà pourquoi les flaques d'eau formées par la pluie disparaissent si promptement. La terre n'en absorbe qu'une

---

1. Voir, pour l'explication de ces termes, la *Petite Chimie.*

partie; tout le reste retourne en vapeurs dans l'air.

La glace fondante, la neige même, s'évaporent.— Voilà pourquoi la neige diminue ou se réduit, même pendant la gelée.

5. Certains liquides s'évaporent tellement vite, qu'au bout de peu de temps on n'en trouve plus de traces dans le vase qui les contenait. On les appelle *corps volatils :* tels sont l'alcool, l'éther, la benzine.

6. L'évaporation est, en général, d'autant plus forte que la température est plus élevée, ou que l'air se renouvelle plus souvent dans le lieu où s'évapore le liquide. — Voilà pourquoi le linge et tous les corps mouillés sèchent bien plus vite quand il fait du vent.

7. Quand un liquide s'évapore, il se refroidit. — Voilà pourquoi on sent du froid quand on sort du bain, et que l'eau s'évapore sur le corps.

8. C'est par la même raison qu'en été on rafraîchit l'eau contenue dans une bouteille en exposant cette bouteille au grand air ou même au soleil, après l'avoir entourée de linges mouillés.

Les vases de terre poreuse appelés *alcarazas* rafraîchissent l'eau qu'ils contiennent, parce qu'elle suinte constamment à l'extérieur en s'évaporant à la surface du vase.

Fig. 25. — Les *alcarazas* sont fort employés en Espagne et en général dans les pays chauds.

On rafraîchit l'air d'une chambre en plaçant sur les fenêtres des branches mouillées. — L'air, en passant au travers, produit une évaporation abondante, laquelle est une source de fraîcheur.

9. Le gaz ammoniac, réduit à l'état liquide par une forte compression, développe,

en repassant à l'état gazeux, quand cette compression cesse, un froid si considérable qu'on s'en sert, dans certaines industries, pour fabriquer de grandes quantités de glace.

En composant, à l'aide de diverses substances, des mélanges appelés *réfrigérants*, on peut aussi produire un grand froid et fabriquer artificiellement de la glace. Un mélange de 1 partie de sel et de 2 parties de glace pilée donne un froid de 18 degrés au-dessous de 0. Un mélange de 2 parties de chlorure de calcium et de 1 partie de neige ou de glace pilée donne un froid de 18 à 54 degrés au-dessous de 0[1].

Questionnaire.

1. Qu'appelle-t-on vapeur?

2. De quelle manière se forme la vapeur?

3. A quel degré l'eau bout-elle? — Tous les liquides commencent-ils à bouillir à la même température? — Peut-on retarder le point d'ébullition des liquides? — Exemples.

4. D'où proviennent encore les vapeurs? —

1. Voir la *Petite Chimie.*

Citez des exemples tirés des flaques d'eau, — de l'eau do glace, de la neige.

5. Qu'appelle-t-on corps volatils?—Exemples.

6. Qu'est-ce qui rend l'évaporation plus forte? — Exemples.

7. Un liquide qui s'évapore conserve-t-il la même chaleur?—Exemple.

8. Comment rafraîchit-on l'eau contenue dans une bouteille ? — l'air d'une chambre? Qu'est-ce que les alcarazas?

9. Comment utilise-t-on les propriétés du gaz ammoniac?—Qu'appelle-t-on mélanges réfrigérants ?

CHAPITRE XVII.

De la force de la vapeur. — Emploi de cette force dans les machines. — Des machines à vapeur; leur mécanisme; leur utilité.

1. L'eau réduite en vapeur tient 1 700 fois autant de place que l'eau liquide, et tend toujours à s'étendre dans tous les sens.

2. Or, si l'on retient cette vapeur, si on la resserre dans un espace beaucoup moins

grand que celui qu'elle pourrait occuper, l'effort qu'elle fait pour s'étendre est si violent qu'elle peut briser les corps les plus solides et surmonter tout ce qui lui résiste.

Sa force est d'autant plus grande qu'on diminue davantage l'espace qui la contenait, qu'elle est plus comprimée; on appelle cette force *tension* de la vapeur. — Il en est de la vapeur comme d'un ressort qui se débande avec d'autant plus de violence qu'il est plus tendu.

3. A l'aide de la vapeur, on produit des effets très puissants, supérieurs même à ceux que l'on obtient des cours et des chutes d'eau, et présentant l'avantage de pouvoir être transportés partout.

C'est ainsi qu'elle est employée pour mettre en mouvement toutes sortes de machines dans les fabriques, les usines, les mines, pour faire marcher les vaisseaux sans voiles sur les fleuves et sur les mers; — pour faire avancer les wagons sur les chemins de fer, etc.

Toutes ces merveilles sont produites avec

Foyer, F.
Cheminée, A.
Registre, R.
Chaudière, CD.
Bouilleurs, BB.
Tuyau alimentant d'eau la
    chaudière, E.
Tube indicateur, I.
Flotteur indicateur, *a b c*.
Flotteur d'alarme, *m o n*.
Soupape de sûreté, S.
Tuyau conduisant la vapeur
    au cylindre, V.
Trou d'homme, H.

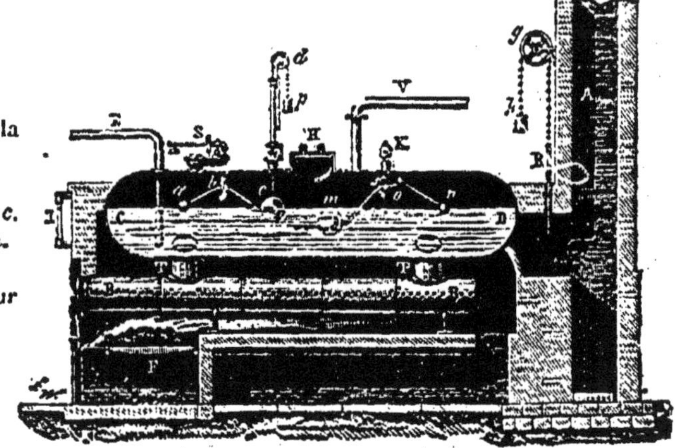

Fig. 26. — Coupe verticale d'une machine à vapeur.

d'i génieuses machines, qu'on appelle *ma- chines à vapeur*[1].

4. Toute machine à vapeur se compose : 1° d'une chaudière; 2° d'un cylindre creux dans lequel se meut un piston; 3° d'un mécanisme qui sert à transmettre le mouvement du piston à la partie agissante de la machine.

5. La chaudière contient l'eau qu'on fait bouillir pour produire la vapeur, au moyen d'un foyer placé au-dessous. Cette chaudière est exactement fermée, très solide et d'une construction variable, suivant la destination de la machine. Tantôt elle contient de nombreux tubes parallèles plongés dans l'eau, et dans lesquels circule la flamme (dans les locomotives); tantôt elle est munie de *bouilleurs*, c'est-à-dire de chaudières plus petites communiquant avec la chaudière principale (dans les machines à vapeur fixes.

6. La vapeur produite dans la chaudière

1. Les *machines à vapeur*, qui, en certains cas, présentent des dangers d'explosion, sont soumises à une réglementation spéciale, fixée par un décret du 30 avril 1880.

se rend de là par un tuyau dans un cylindre creux de fer très solide, plus ou moins volumineux, suivant la grandeur de la machine. Elle y arrive alternativement des deux côtés du piston, auquel elle imprime un mouvement de va-et-vient en ligne droite.

7. Ce mouvement peut être, à son tour, changé en mouvement circulaire au moyen d'un mécanisme qu'on appelle *bielle*, et qui réunit la tige du piston à l'essieu d'une roue. C'est ainsi que l'on voit tourner les roues principales des locomotives, appelées *roues*

Fig. 27. — Bâtiment à vapeur, système de roues à palettes.

motrices, parce qu'elles donnent le mouvement à la machine.

C'est avec l'aide de ce mécanisme que la
roue motrice d'une machine à vapeur fait

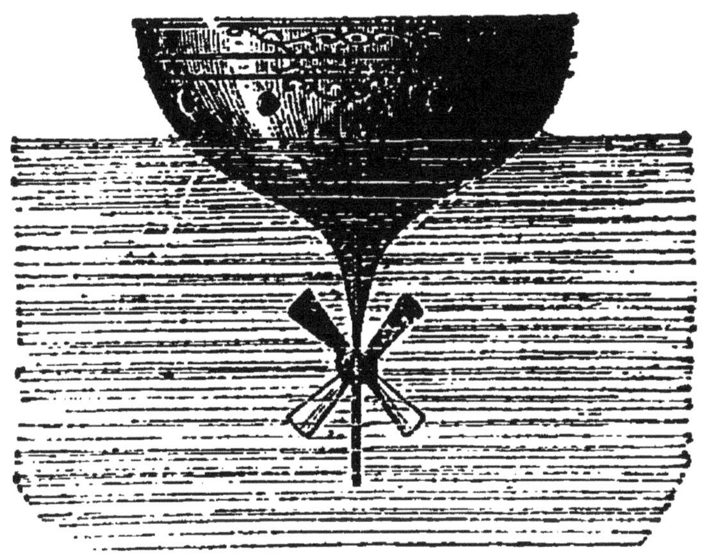

Fig. 28. — Bâtiment à vapeur, système à hélice.

marcher le genre de mécanique, quel qu'il
soit, avec lequel elle communique : un mé-
tier à filer, les meules d'un moulin, les roues
d'un navire à vapeur, une locomotive.

8. Les machines à vapeur varient de
forme, suivant l'usage auquel elles sont
destinées. — Ainsi, sur les navires, elles
donnent le mouvement à *des roues à palettes*

6

ou *à aubes* placées de chaque côté, ou bien à une *hélice*, énorme et très courte vis placée à l'arrière du bâtiment. — Dans les métiers, elles mettent en mouvement des engrenages, etc.

9. La force d'une machine à vapeur varie suivant sa destination. Sur les chemins de fer, une seule machine, adaptée à un premier wagon, peut en faire marcher beaucoup d'autres, réunis à la suite les uns des autres et chargés de marchandises ou de voyageurs. Elle peut, suivant sa force, ou bien atteindre une vitesse de 60 à 100 kilo-

Fig. 29. — Locomotive et son tender.

mètres à l'heure, ou bien traîner un poids de 100 000 kilogrammes et plus.

Questionnaire.

1. L'eau réduite en vapeur occupe-t-elle beaucoup de place ?

2. Qu'arrive-t-il si l'on tient cette vapeur renfermée dans une place trop petite?—Qu'est-ce qui en rend la force plus grande?

3. Quels effets produit-on à l'aide de la vapeur ?—A quoi l'emploie-t-on?

4. Quelles sont les principales pièces d'une machine à vapeur?

5. Comment la chaudière est-elle construite?

6. Que devient la vapeur en quittant la chaudière ?

7. Comment le mouvement du piston fait-il marcher les roues ?

8. La forme d'une machine à vapeur est-elle toujours la même?

9. Quelle est la force et la vitesse d'une locomotive ?

CHAPITRE XVIII.

Pression de la vapeur. — Appareil de sûreté des machines à vapeur. — Manomètres. — Soupape. — Flotteur. — Ce qu'on appelle cheval-vapeur.

1. Plus on comprime, plus on resserre la vapeur dans la chaudière, plus l'effort qu'elle fait pour s'étendre est grand. On

donne à cette force ou à cet effort le nom de *pression* ou *tension* de la vapeur.

2. La pression s'estime ou se mesure par atmosphère. Cela veut dire qu'une pression d'une atmosphère dans la machine est égale à celle qui s'exerce par l'atmosphère terrestre, et que mesure le baromètre[1]. Si la pression est 2 fois, 4 fois, 8 fois plus considérable, on dit qu'elle est de 2, 4, 8 atmosphères. Les machines, d'après cela, sont dites à *basse*, à *moyenne*, à *haute pression*. La machine est à *basse pression* quand la tension de la vapeur ne dépasse que très peu une atmosphère. Elle est à *moyenne pression* quand la tension de la vapeur ne dépasse pas quatre atmosphères; elle est à *haute pression* quand elle s'élève au-dessus de ce dernier chiffre.

3. Quand la vapeur se produit avec trop d'abondance, elle peut surmonter la résistance de la chaudière et amener des explosions.

Pour se rendre compte exactement du degré de tension de la vapeur et prévenir ainsi de redoutables accidents, on se sert de

1. Voir chap. xii.

différents appareils communiquant tous avec la chaudière, et nommés, à cause de leur destination, *appareils de sûreté*. Ce sont : les manomètres, la soupape, les flotteurs.

4. Les plus importants de ces appareils sont le *manomètre* et la *soupape*. Le *manomètre* est un instrument construit de telle façon que la vapeur en agissant sur lui indique constamment la pression de cette vapeur dans la chaudière.

Il y a des manomètres à air, construits comme les baromètres, c'est-à-dire formés par un tube de verre contenant du mercure, que la pression de la vapeur fait monter ou laisse descendre selon qu'elle est forte ou faible.

Un des manomètres les plus usités est le *manomètre métallique* ou *manomètre Bourdon*, qu'on voit sur les locomotives. C'est une espèce de cadran muni d'une aiguille mobile *b*, qui se porte sur une rangée circulaire de chiffres indiquant le nombre d'atmosphères de pression dans la chaudière, depuis 1 jusqu'à 8 ou 10. Cette aiguille étant adaptée à un tube creux et recourbé T, qui communique avec la chaudière par le tuyau A, les changements de pression de la vapeur lui font exécuter sur le cadran les mouvements nécessaires.

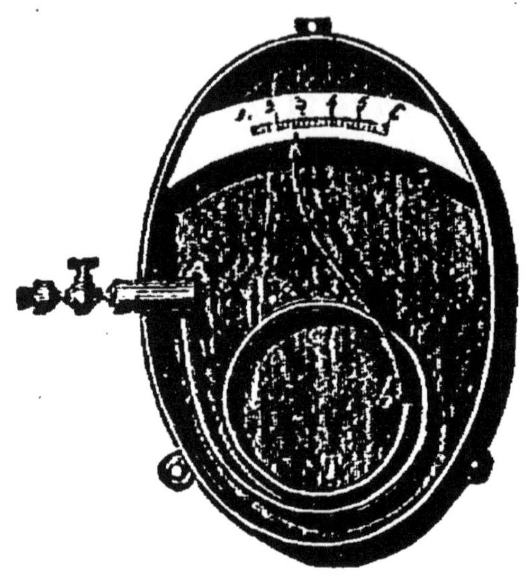

Fig. 30. — Manomètre métallique.

5. La *soupape de sûreté* est un solide bouchon conique en cuivre, fermant une ouverture conique aussi, et muni de poids attachés à l'extrémité d'un levier. Dès que la vapeur dépasse la pression qu'elle doit avoir dans la chaudière, elle soulève cette soupape.

6. Les *flotteurs* sont des appareils dont les uns indiquent sur une échelle graduée le

niveau de l'eau dans la chaudière, et dont les autres font entendre un sifflet ou un timbre d'alarme au moment où le danger d'une explosion devient imminent.

7. On estime la puissance d'une machine à vapeur en indiquant le nombre de chevaux-vapeur qu'elle représente. On appelle cheval-vapeur la force suffisante pour élever en une seconde 75 kilogrammes à 1 mètre de hauteur, ou pour élever dans le même temps 1 kilogramme à 75 mètres de hauteur, et l'on mesure la force d'une machine en disant qu'elle est de 10, de 100 chevaux-vapeur et plus.

Questionnaire.

1. Qu'appelle-t-on pression dans les machines à vapeur ?

2. Comment estime-t-on la pression de la vapeur ?

3. De quels appareils se sert-on pour prévenir les accidents dans les machines à vapeur ?

4. Qu'est-ce qu'un manomètre ?

5. Qu'est-ce que la soupape de sûreté ?

6. Quel est l'usage des flotteurs ?

7. Qu'appelle-t-on cheval-vapeur ? — Comment mesure-t-on la force d'une machine à vapeur ?

CHAPITRE XIX.

De l'air. — L'air est répandu partout. — Ce qu'on appelle l'atmosphère. — Nécessité de l'air pour vivre. — Ce qu'on appelle faire le vide. — Tubes pneumatiques. — Preuves de l'impénétrabilité de l'air. — La cloche à plongeur; le scaphandre. — Travaux sous-marins.

1. En quelque lieu que nous soyons ou, que nous allions, que nous montions sur les plus hautes montagnes, ou que nous descendions dans les vallées, nous rencontrons de l'*air*. — Ainsi, nous vivons au milieu de l'air, les oiseaux fendent l'air, les édifices les plus élevés, les montagnes les plus hautes, ont leur sommet dans l'air.

2. On désigne ordinairement sous le nom d'*atmosphère* la masse d'air qui entoure la terre et forme autour du globe une couche de 75 000 mètres de hauteur.

3. Quoique nous nous apercevions à peine que l'air existe autour de nous, s'il venait à

manquer, nous ne pourrions plus vivre, non plus qu'aucun animal.— Les poissons mêmes ne pourraient vivre dans l'eau, si cette eau ne contenait de l'air.

4. Les physiciens construisent des appareils qu'on appelle *machines pneumatiques*,

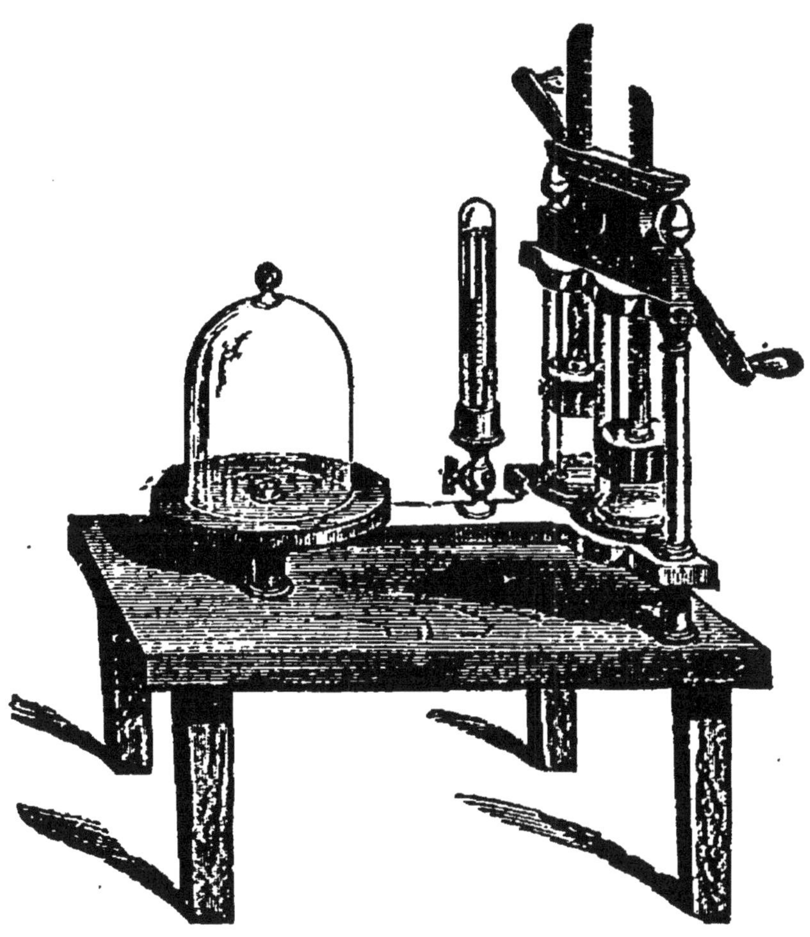

Fig. 31. — Machine pneumatique.

avec lesquelles ils pompent l'air contenu dans une grande cloche en verre; c'est ce que l'on appelle *faire le vide*. — Si l'on place de petits animaux, des oiseaux par exemple, sous cette cloche, ils y périssent aussitôt par défaut d'air. Dans plusieurs capitales, on a construit, sous le sol des rues, des tuyaux souterrains qui sont établis d'après le même principe, c'est-à-dire dans lesquels on fait le vide à l'aide d'une machine pneumatique puissante; on y fait circuler, par ce moyen, des caisses ou boîtes transportant les dépêches avec une rapidité de 1 kilomètre par minute.

5. Lorsqu'on est resté longtemps renfermé dans le même air avec un grand nombre de personnes, cet air devient très malsain à respirer. — Il est donc nécessaire de renouveler souvent l'air des chambres[1].

6. Quoique nous nous déplacions sans effort dans l'air, et que nous y fassions toutes sortes de mouvements sans éprouver la moindre résistance, l'air est cependant *impénétrable*, comme tous les autres corps :

1. Voir la *Petite Hygiène*, chap. 1er.

c'est-à-dire qu'un corps ne peut se mettre à la place de l'air qu'en le déplaçant.

7. En voici une preuve bien évidente :

Attachez un peu de papier au fond d'un verre, et faites entrer doucement dans un seau d'eau ce verre renversé : vous sentirez quelque chose qui vous résiste, et l'eau ne montant qu'à quelques centimètres dans le verre, votre papier ne sera pas mouillé. — C'est que l'eau peut bien refouler l'air qui était dans ce verre, mais elle ne peut pas en prendre entièrement la place.

8. On a tiré parti de cette propriété de l'air pour constituer une machine avec laquelle on peut aller au fond de l'eau sans se mouiller. — C'est ce qu'on appelle la *cloche à plongeur*.

Qu'on se représente une espèce de grande cuve carrée en fonte, suspendue par le fond comme une cloche, et percée, pour laisser entrer le jour, de plusieurs ouvertures garnies d'un verre très épais.

9. Le plongeur entre dans l'intérieur de cette cloche, que l'on fait descendre jusqu'au fond de l'eau, à l'aide de câbles. L'air que contient la cloche empêche l'eau de la rem-

plir. Un tuyau de cuir, qui part de la cloche et qui monte au-dessus de l'eau, permet d'y faire entrer l'air nécessaire à la respiration.

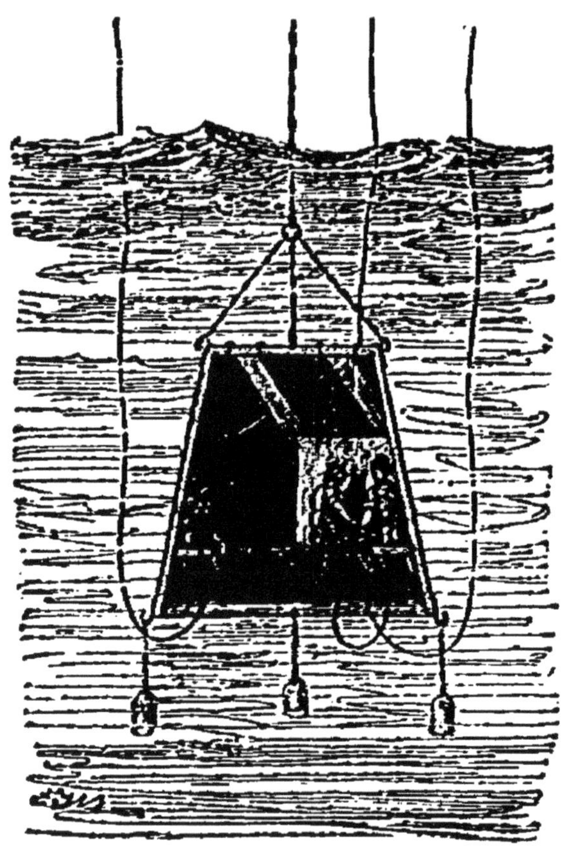

Fig. 32. — Cloche à plongeur.

10. La cloche à plongeur n'est plus usitée, et, pour les travaux sous-marins, l'on se

sert aujourd'hui d'un appareil appelé *scaphandre*. C'est une espèce de vêtement imperméable, exactement fermé, rempli d'air, lequel communique avec l'atmosphère par un long tuyau. L'homme qui est revêtu du scaphandre, et qu'on désigne quelquefois sous le nom de *scaphandrier*, reçoit par ce tuyau l'air nécessaire à sa respiration, et peut travailler longtemps sous l'eau avec facilité. Sa tête est enfermée dans une sorte de casque muni d'ouvertures fermées par du verre, et qui lui permettent do voir sous l'eau et d'y exécuter différents travaux.

11. C'est d'après le principe de la cloche à plongeur que sont construits les tubes à air comprimé avec lesquels on travaille à établir sous l'eau, à de grandes profondeurs, les fondations des ponts, etc.

Ces tubes, reposant inférieurement sur le sol, ont d'assez grandes dimensions pour dépasser supérieurement le niveau de l'eau et pour contenir plusieurs hommes.

Questionnaire.

1. L'air existe-t-il tout autour de nous ?

2. Qu'est-ce qu'on désigne sous le nom d'atmosphère ?

3. Pourrait-on vivre sans air ?

4. Qu'est-ce que l'on appelle faire le vide?— Comment fait-on le vide? —Qu'est-ce que deviennent les petits animaux placés dans la cloche où l'on a fait le vide ? — Qu'appelle-t-on tubes pneumatiques ?

5. Est-il sain d'être longtemps renfermé dans le même air avec beaucoup de personnes?

6. L'air est-il impénétrable ?

7. Prouvez-le.

8. Quel parti a-t-on tiré de cette propriété de l'air?—Donnez une idée de la cloche à plongeur.

9. De quelle manière emploie-t-on cette machine ? — Qu'est-ce qui empêche l'eau d'entrer dans la cloche ?

10. Qu'est-ce que le scaphandre ?

11. Comment construit-on les fondations d'un pont sous l'eau ?

CHAPITRE XX.

L'air. — Gaz qui le composent. — Vapeurs répandues dans l'air. Comment on mesure l'humidité de l'air; ce qu'elle annonce. — Subtilité, transparence, invisibilité de l'air.

1. L'air n'est pas un corps simple ou un élément, comme on le disait autrefois. —
4.

C'est un mélange de deux sortes différentes d'air ou de deux gaz invisibles comme l'air, mais qui ont des propriétés très différentes, savoir l'*oxygène* et l'*azote*[1].

2. L'air contient un cinquième d'oxygène et quatre cinquièmes d'azote. Il contient, en outre, mais en très petite quantité, le *gaz acide carbonique*, que les animaux et les plantes dégagent par la respiration, ainsi que des vapeurs d'eau habituellement invisibles.

3. Les vapeurs d'eau sont en quantité d'autant plus considérable que l'air est plus chaud.

Tantôt elles y sont visibles : c'est lorsque l'air est froid et ne peut pas les dissoudre : on les nomme alors *brouillards*.

Plus souvent elles sont invisibles : c'est lorsque l'air est assez chaud pour les dissoudre entièrement. — Cependant on s'aperçoit quelquefois alors de leur présence par l'*humidité* qui se dépose sur les corps.

4. Les physiciens ont inventé plusieurs instruments propres à mesurer les différents

1. Voir la *Petite Chimie*, chap. II.

degrés d'humidité de l'air : on les nomme *hygromètres.*

Ces instruments peuvent servir aussi à annoncer la pluie ou le beau temps : car quand l'air est très chargé d'humidité, on peut prévoir la pluie.

5. L'hygromètre *à cheveu,* imaginé par Saussure, est un des plus usités. On fabrique dans le même but de petites figures de personnages dont les bras ou les vêtements exécutent certains mouvements aux changements de temps. Le jeu de ces petits instruments est dû à une corde à boyau fixée aux deux bouts, et qui, en se tordant ou en se détordant par l'effet de l'humidité de l'air, fait mouvoir les pièces mobiles de la figure.

6. L'air est si subtil, qu'il pénètre dans tous les pores ou vides des corps ; tous en contiennent dans une plus ou moins grande proportion.

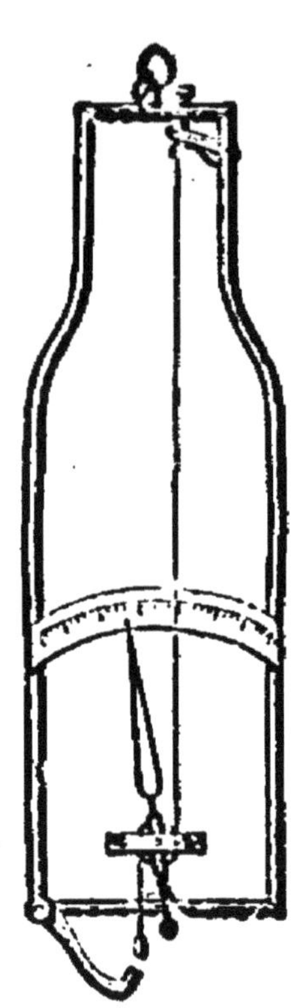

Fig. 33.
Hygromètre à cheveu.

L'air est si transparent, qu'il n'intercepte pas la vue des astres placés à des distances presque infinies de nous.

7. L'air répandu autour de nous est invisible ; mais lorsqu'on le découvre de très loin, il offre une teinte bleue. — C'est l'air qui forme au-dessus de nos têtes cette belle voûte bleue que nous appelons *ciel*.

Questionnaire.

1. L'air est-il un corps simple ?—De quoi est-il composé ?

2. Quelles sont les proportions de ces deux gaz dans l'air ? — Qu'est-ce qu'il contient en outre ?

3. Dans quel cas l'air contient-il le plus de vapeurs d'eau ? — Quand sont-elles visibles ? — Quand sont-elles invisibles ?

4. Peut-on mesurer la quantité des vapeurs répandues dans l'air ? — Peut-on, avec les mêmes instruments, prévoir la pluie et le beau temps?

5. Expliquez le jeu des petites figures qui servent à annoncer le temps.

6. Comment reconnaît-on la subtilité de l'air? — sa transparence?

7. L'air est-il visible ? — A-t-il une couleur ?

CHAPITRE XXI.

De la propriété que l'air a de se condenser et de se dilater. — Exemples. — Application mécanique. — Élasticité de l'air. — Machine à air comprimé. — Pesanteur de l'air.

1. On peut *condenser l'air*, c'est-à-dire le resserrer de manière à ce qu'il tienne moins de place. — Cet effet est produit soit par le froid ou un abaissement de température, soit par des machines qui le compriment.

2. L'air est *élastique*, c'est-à-dire qu'il revient facilement et même avec force à son état ordinaire quand on cesse de le comprimer.

Ainsi, la même vessie, aplatie quand on la comprime, reprend sa forme ronde quand on cesse de la comprimer. L'air, étant à la fois compressible et élastique, produit, quand il a été comprimé, une force plus ou moins grande pour reprendre son volume primitif. On a utilisé cette force pour faire mouvoir des machines puissantes à *air comprimé*. C'est ainsi que les machines perforatrices à l'aide desquelles on est arrivé à percer le mont Cenis et le mont Saint-Gothard, n'ont pu être mises en mouvement que par l'air comprimé seulement.

3. On peut aussi, au moyen de la chaleur, le *dilater*, c'est-à-dire lui faire occuper une plus grande place.

En voici la preuve : approchez du feu une vessie à moitié pleine d'air : bientôt elle gonflera au point d'en crever. — Exposez-la au froid : elle reviendra sur elle-même.

4. La dilatation qui s'opère dans l'air renfermé dans un petit espace clos, où l'on enflamme le gaz d'éclairage, permet de faire de cet air ainsi dilaté, puis refroidi, un agent moteur, susceptible, comme la vapeur d'eau, de mettre en mouvement des machines. C'est d'après ce principe que sont construits les appareils moteurs à gaz.

5. Quoique l'air nous semble ne rien peser, il a cependant un *poids*, comme tous les autres corps.

Voici comment les physiciens le prouvent : on pèse une boule de verre creuse et pleine d'air, puis on la pèse de nouveau après y avoir fait le vide, c'est-à-dire après en avoir fait sortir entièrement l'air qu'elle renfermait : on trouve alors que cette boule est plus légère à la seconde pesée qu'elle ne l'était à la première.

6. En répétant souvent ces expériences, on est parvenu à connaître le poids exact de l'air : ce poids est 770 fois moindre que celui de l'eau, et, l'eau pesant 1 000 grammes le litre, l'air pèse seulement 1 gr. 30 cent.

7. Comme l'atmosphère enveloppe la terre à une hauteur présumée de 75 kilomètres, il en résulte que les corps placés sur la terre supportent le poids de l'air qui est au-dessus. Ce poids est de plus de 1 kilogramme par centimètre carré, soit de 15 à 16 000 kilogrammes pour la surface du corps de l'homme.

Cela n'a rien qui doive nous étonner, lorsque nous voyons les plus petits poissons nager avec tant d'agilité dans les profondeurs de la mer, où il supportent un poids bien plus considérable que nous, celui de l'eau ajouté à celui de l'atmosphère.

Il se produit une gêne considérable dans

les fonctions du corps quand la pression atmosphérique vient à diminuer ou à augmenter notablement, comme nous allons le dire.

8. L'air devient de plus en plus rare, de plus en plus léger, à mesure qu'on s'élève davantage. — Aussi respire-t-on difficilement sur les plus hautes montagnes. Dans les ascensions en ballons, où l'on s'élève à une hauteur beaucoup plus grande, puisqu'on atteint jusqu'à 9 000 mètres, la gêne de la respiration est bien plus forte encore : le sang s'échappe par la bouche, par les oreilles, et plus d'un aéronaute a payé de sa vie l'imprudence qu'il y a à dépasser certaines limites. Des malaises ou des accidents d'un autre genre se produisent chez les ouvriers qui travaillent sous l'eau dans des appareils à air comprimé, c'est-à-dire où la pression atmosphérique est fort augmentée.

Questionnaire.

1. Qu'est-ce que condenser l'air ?—Quel effet le froid produit-il sur l'air ?	2. L'air est-il élastique ? — Comment en a-t-on utilisé les propriétés ?

3. Quel est l'effet de la chaleur sur l'air?

4. Quel parti peut-on tirer de la dilatation de l'air comme agent moteur?

5. L'air a-t-il un poids? — Comment les physiciens le prouvent-ils?

6. Quel est le poids de l'air?

7. Les corps placés sur la terre supportent-ils un grand poids?— Quels inconvénients ont pour le corps humain les changements de la pression atmosphérique?

8. L'air a-t-il la même densité à toutes les hauteurs?

CHAPITRE XXII.

Ce que c'est que le baromètre. — De quoi il est composé. — Hauteur à laquelle monte le mercure dans cet instrument. — Ce qu'indique le baromètre quand il monte et quand il descend. — Comment on mesure les variations de hauteur du mercure.—Différentes espèces de baromètres.

1. Le *baromètre* est un instrument qui sert à indiquer la pression de l'air, et, par suite, à faire prévoir le beau et le mauvais temps. Comme la pression de l'air diminue à mesure qu'on s'élève, cet

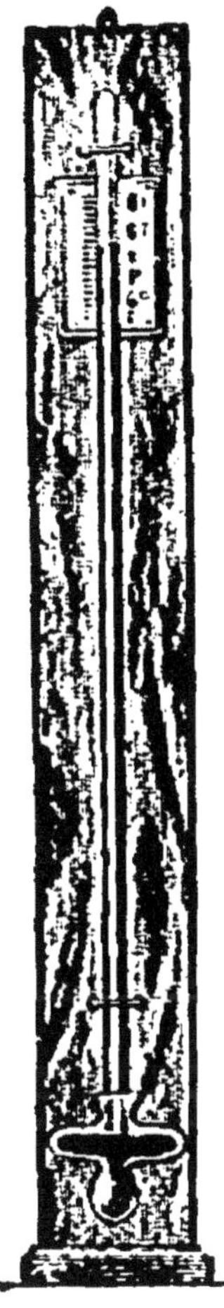

Fig. 34.
Baromètre.

instrument sert encore à mesurer la hauteur des montagnes, ainsi que celle à laquelle on est arrivé dans les voyages en ballon. Il suffit pour cela de savoir la proportion qui existe entre un abaissement déterminé du mercure et la hauteur atmosphérique correspondante. Dans ce but, les physiciens ont calculé des tables qui permettent de connaître immédiatement la hauteur à laquelle on se trouve.

2. Il est composé d'un tube ou tuyau de verre d'un peu plus de $0^m,80$ de hauteur.

Ce tube est fermé par le haut et ouvert par l'autre bout, qui plonge dans une petite cuvette pleine de mercure (vif-argent), ou qui est recourbé en un siphon qui en renferme également.

3. Le mercure qui est dans cette petite cuvette ou dans la branche recourbée du siphon, pressé par le poids de l'air,

monte de lui-même dans le tube de verre. — Arrivé à la hauteur de 0^m,76, il s'y maintient.

Le mercure ne s'échappe point par le bas du tube parce que l'air, en pressant sur le mercure de la cuvette, l'en empêche. — Il s'arrête à 0^m,76, parce que, à cette hauteur, il pèse juste autant que l'air même pèse sur la cuvette[1].

4. Si l'air devient plus léger, comme il pèse moins sur la cuvette, le mercure descend dans le tube.

S'il devient plus lourd, comme il pèse davantage sur la cuvette, le mercure s'élève dans le tube.

5. Or, le baromètre *baisse* ordinairement quand il doit pleuvoir, parce que l'air est mélangé de vapeurs d'eau, plus légères que l'air, dont elles diminuent le poids.

Il *monte* quand il doit faire beau, parce que l'air est sec, et par conséquent plus pesant.

1. On a préalablement purgé d'air le tube, en le remplissant complètement de mercure ; sans quoi, l'air resté dans le tube pèserait sur le mercure et l'empêcherait de monter.

6. Pour avoir la mesure exacte de ces variations, on fixe derrière le tube une planchette, sur laquelle on trace des divisions qui indiquent le plus ou moins d'élévation du mercure.

7. La division la plus élevée indique la plus grande hauteur à laquelle monte le mercure ; on lit vis-à-vis : *très beau, beau fixe*. Elle correspond à 78 centimètres.

La division la plus basse indique le point le plus bas auquel descende le mercure ; on lit vis-à-vis : *tempête, ouragan*. Elle correspond à 75 centimètres. On a vu, à Paris, le baromètre descendre à 72 centimètres.

Entre ces deux limites on a inscrit *temps variable*, correspondant à $0^m,76$; — et un peu plus bas *pluie* ou *vent*. — Le vent fait descendre le baromètre, comme la pluie.

8. Il existe plusieurs espèces de baromètres. Les plus usités, après le baromètre à *cuvette* ou à *siphon*, que nous venons de décrire, sont :

1° Le *baromètre à cadran*, dans lequel les mouvements de la colonne de mercure font mouvoir une grande aiguille sur un cadran portant les indications relatives au temps, etc.;

2° Le *baromètre métallique* ou *baromètre anéroïde*. Il a la forme d'une boîte circulaire

Fig. 35. — Baromètre anéroïde.

de cuivre A, fermée par un verre, derrière lequel on voit se mouvoir une aiguille P, qui indique sur un cadran les variations de l'atmosphère et les changements présumés du temps. — Ce baromètre est composé d'un tube métallique recourbé, dans lequel on fait le vide. La pression atmosphérique s'exerce sur l'élasticité du métal, et, en augmentant ou diminuant la courbure du tube, fait mouvoir l'aiguille qui y est adaptée au moyen d'un petit mécanisme.

Questionnaire.

1. Qu'est-ce que le baromètre ?

2. De quoi est-il composé ?

3. Qu'arrive-t-il au mercure qui est dans la cuvette ?

A quelle hauteur s'arrête-t-il ?—Pourquoi ne s'échappe-t-il pas par le bas ? — Pourquoi s'arrête-t-il à 0m, 76 ?

4. Qu'arrive-t-il au mercure quand l'air est plus léger ? — quand il est plus lourd ?

5. Pourquoi le baromètre baisse-t-il quand il doit pleuvoir ?—Pourquoi monte-il quand il doit faire beau ?

6. Que fait-on pour avoir la mesure exacte de ces variations ? — Qu'est-ce qu'indiquent les divisions tracées sur la planchette ?

7. Qu'indiquent les diverses divisions du baromètre par rapport au temps ? — Quel effet produit le vent sur le baromètre ?

8. Existe-t-il plusieurs espèces de baromètres ? —Décrivez le baromètre à cadran, — le baromètre anéroïde.

CHAPITRE XXIII.

De la pression de l'air sur l'eau dans les pompes. — De la pompe aspirante; explication de la manière dont l'eau s'y élève. — De la pompe aspirante et foulante. — De la pompe à incendie.

1. Des fontainiers italiens voulurent un jour fabriquer une pompe dont les tuyaux avaient beaucoup plus que la longueur ordinaire. — Mais ils virent avec étonnement que l'eau, arrivée à 10 mètres 1/2 de hauteur, s'arrêtait là, et qu'il était impossible de la faire monter plus haut.

Pourquoi donc l'eau, qui montait jusque-là, ne pouvait-elle s'élever plus haut?

Un savant de ce temps-là, y ayant réfléchi, en conclut que si l'eau s'élève dans les pompes, c'est parce que l'air en pesant dessus la contraint d'y monter; — que si elle s'arrête à 10 mètres 1/2, c'est que le poids d'une colonne d'eau de cette hauteur égale le poids de l'air atmosphérique ou lui fait équilibre. C'est sur ce fait qu'est établie la construction des pompes.

2. Il y a plusieurs espèces de pompes.

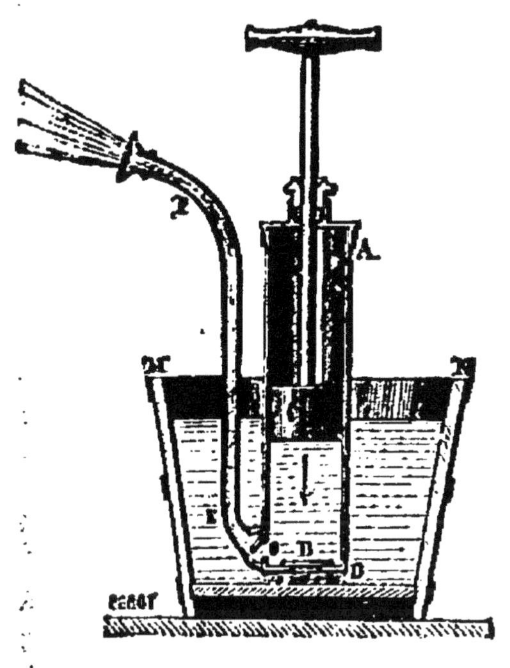

Fig. 36. — Pompe foulante.

La pompe *foulante* se compose d'un corps de pompe AD plongé dans un réservoir d'eau, d'un tuyau FE, par où l'eau monte pour s'écouler en dehors. Dans l'intérieur du corps de pompe est un piston C, qui, lorsqu'il monte, attire l'eau en soulevant la soupape B ; lorsqu'il descend, la soupape B se ferme, la soupape O se lève, et l'eau s'écoule par le tuyau FE.

C'est une pompe portative de ce genre qui sert à l'arrosage des jardins, des rues.

3. Dans la *pompe aspirante*, qui est la plus usitée, on remarque : le tuyau d'aspiration, — le corps de pompe, — le piston, — les soupapes. C'est cette pompe qui est employée pour tirer l'eau d'un puits, d'un cours d'eau, etc.

4. Le *tuyau* dit *d'aspiration* D (*fig.* 37), parce qu'il semble *aspirer* l'eau, plonge dans l'eau d'un puits ou d'un cours d'eau ; il doit avoir moins de 10 mètres.

5. Le *corps de pompe* E est un autre tuyau placé au-dessus, hors du puits, et garni en haut d'un petit conduit par où doit sortir l'eau.

Dans ce corps de pompe on voit un *piston* B, qui le remplit hermétiquement. — Ce piston monte ou descend au moyen d'une tringle en fer, qui est fixée au balancier F de la pompe.

6. Le piston est percé dans l'intérieur,

où l'on voit une *soupape s'* : c'est une espèce
de couvercle ordinairement en plomb, et

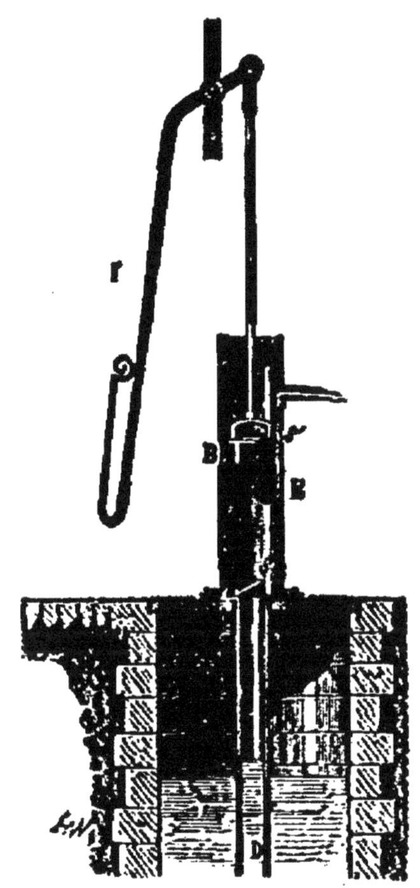

Fig. 37. — Pompe aspirante.

garni de cuir. — Au fond du corps de
pompe, il y a une autre soupape pareilles.

— Ces deux soupapes s'ouvrent de bas en haut, comme le couvercle d'une tabatière.

7. Maintenant, voyons ce qui se passe quand la pompe marche.

Supposons qu'on élève par un coup de balancier le piston, qui était au bas du corps de pompe. Qu'arrivera-t-il ? — Il se formera un vide au-dessous du piston, et l'air contenu dans le tuyau d'aspiration soulèvera la soupape *s* pour aller remplir ce vide.

Qu'arrivera-t-il quand on abaissera de nouveau le piston ? — L'air qui a passé dans le corps de pompe, pressé par le piston, soulèvera la soupape *s'* pour se répandre au dehors de la pompe.

8. Qu'arrivera-t-il alors à l'eau ? — L'eau, pressée par le poids de l'air contenu dans le puits, montera dans l'intérieur de la pompe ; puis elle soulèvera successivement les deux soupapes, et finira par s'élever au-dessus du piston. Le piston, en remontant, la fera sortir du corps de pompe par le petit conduit qui y est adapté.

9. La *pompe* dite *aspirante* et *foulante* ne diffère de la pompe foulante que parce

qu'elle a en plus un tuyau d'aspiration BM;
le corps de pompe AD est entièrement hors
de l'eau. Le piston C n'est pas percé, mais

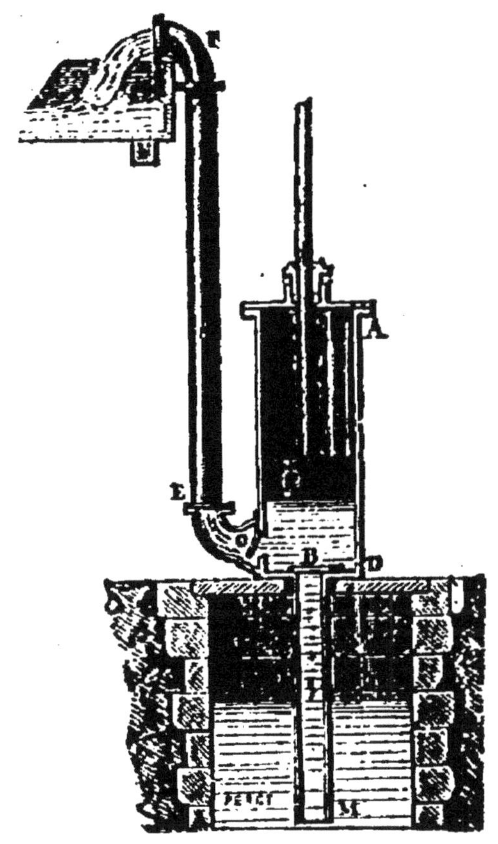

Fig. 38. — Pompe aspirante et foulante.

plein, de sorte que, dans son mouvement
descendant, il force l'eau à passer, par la
soupape O, dans le corps de pompe EF, dit

latéral, parce qu'il commence à la naissance du premier et s'élève à côté.

10. La *pompe à incendie* se compose de deux pompes foulantes, disposées de telle sorte qu'un piston monte quand l'autre descend. Ces deux pompes compriment l'eau dans un même réservoir contenant de l'air et muni d'un tuyau de cuir. Par son élasticité, l'air comprimé dans ce réservoir en fait jaillir l'eau d'une façon puissante et continue.

Questionnaire.

1. Qu'arriva-t-il à des fontainiers qui voulurent construire une pompe très longue ? — Pourquoi l'eau s'élève-t-elle dans les pompes ? — Pourquoi s'arrête-t-elle à 10 mètres 1/2 ?

2. Combien d'espèces de pompes y a-t-il ? — Décrivez la pompe foulante.

3. De quelles parties se compose une pompe aspirante ?

4. Qu'est-ce que le tuyau dit d'aspiration ?

5. Qu'est-ce que le corps de pompe ? — Que voit-on dans le corps de pompe ?

6. Que voit-on dans l'intérieur du piston ? — au fond du corps de pompe ? — De quelle manière s'ouvrent les deux soupapes ?

7. Qu'arrive-t-il quand on élève le piston ? — Qu'arrive-t-il quand on l'abaisse ?

<table>
<tr><td>8. Qu'arrive-t-il à l'eau?</td><td>diffère-t-elle de la précédente ?</td></tr>
<tr><td>9. En quoi la pompe aspirante et foulante</td><td>10. De quoi se compose la pompe à incendie?</td></tr>
</table>

CHAPITRE XXIV.

De la pression de l'air sur les liquides. — Ce que c'est que le siphon. — Manière de s'en servir. — Sources et siphons intermittents; application. — De la pureté de l'air. — Nécessité de renouveler l'air des habitations. — Cheminées. — Ventilateurs. — Machines soufflantes.

1. Une des applications les plus usuelles de la pression de l'air sur les liquides se fait voir dans l'emploi du siphon.

Le *siphon* est un tube recourbé, en verre ou en fer-blanc (*fig.* 39), formé de deux branches d'inégale longueur. On s'en sert pour transvaser du vin ou tout autre liquide, c'est-à-dire pour le faire passer d'un tonneau ou d'un vase quelconque V dans un autre E, sans le remuer, et, par conséquent, sans le troubler.

2. Pour s'en servir, on aspire avec la

Fig. 39. — Siphon.

bouche l'air qu'il contient, puis on plonge la plus courte des deux branches dans le vase que l'on veut vider, et la plus longue dans celui que l'on veut remplir, et que l'on a eu soin de placer *au-dessous* du niveau du vase plein. Le liquide passe aussitôt de ce dernier dans l'autre.

3. En voici la raison : en aspirant avec la bouche l'air qui était dans le siphon, on y fait le vide. Alors la pression de l'air sur le

liquide du vase supérieur le fait monter naturellement jusqu'à la courbure du siphon qu'il dépasse bientôt pour retomber par son propre poids dans le second vase.

4. On emploie aussi le siphon pour vider une pièce d'eau. A cette fin, on se sert d'un siphon de bois ou de métal d'un grand diamètre. Après en avoir bouché les deux extrémités, on le remplit d'eau par une ouverture située au-dessus de la courbure ; puis, cette ouverture étant fermée par un couvercle, on débouche les deux extrémités. Le vide qui se fait alors dans l'instrument permet à l'eau d'y monter.

C'est d'après ce principe qu'on établit sur de très grandes dimensions, sous le sol ou même sous les cours d'eau, des siphons destinés à la conduite des eaux publiques, des égouts dans les villes.

5. On emploie souvent pour transvaser de petites quantités de liquide deux instruments dans lesquels la pression atmosphérique retient le liquide. — C'est d'abord la *pipette* des chimistes, espèce de tube qu'on remplit en aspirant le liquide avec la bouche à la partie supérieure, et qu'on ferme ensuite

avec le doigt pour maintenir ce liquide à la hauteur voulue. — Le *tâte-vin* des tonneliers est un tube en fer-blanc que l'on remplit en l'enfonçant dans le liquide, et qui reste plein lorsqu'on le retire du tonneau, tant que le doigt bouche son orifice supérieur.

6. Il y a des sources qui ne donnent de

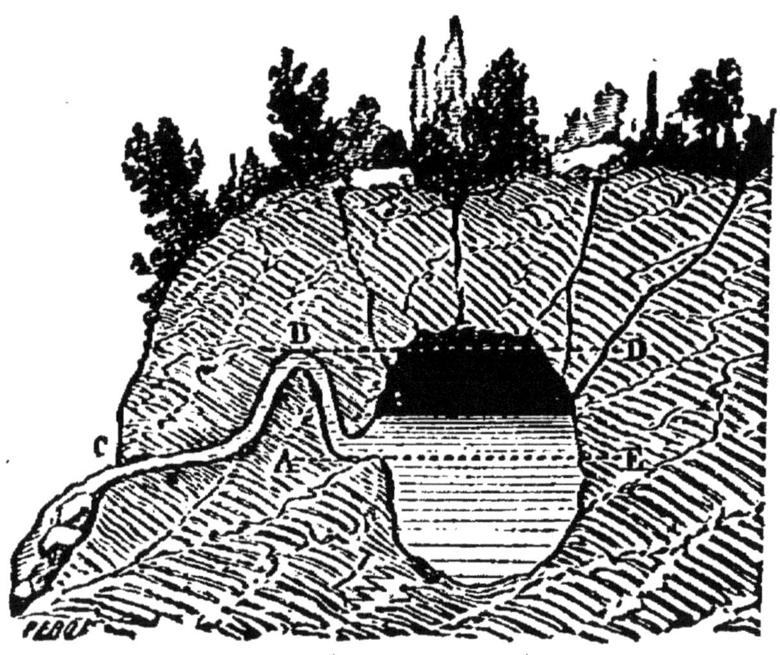

Fig. 40. — Source intermittente.

Lorsque le niveau de l'eau arrive en BD, le siphon naturel ABC est amorcé, et l'eau s'écoule. Lorsque le niveau descend en AE, le siphon n'étant plus amorcé, l'écoulement s'arrête pour reprendre peu après, et ainsi de suite.

l'eau que par intervalles. Cela tient à ce que ces sources forment une sorte de siphon souterrain, qui ne se vide que quand le réservoir naturel qui se déverse par ce siphon s'est rempli plus haut que sa courbure supérieure.

C'est aussi d'après ce principe que l'on construit des siphons intermittents, c'est-à-dire ne donnant de l'eau que par intervalles, pour distribuer cette eau dans les différents quartiers d'une ville.

7. L'air n'agit pas sur les corps vivants par sa pression seulement, mais encore par sa composition. — Un air pur est nécessaire à la santé. Il est donc indispensable de renouveler l'air des habitations, lequel est constamment vicié par la respiration de l'homme et des animaux, et par les émanations diverses des corps.

8. Le chauffage par les cheminées est un excellent moyen pour aérer les pièces d'habitation en produisant un courant d'air, qui vient du dehors par toutes les ouvertures, pour s'échapper par le foyer.

9. Pour aérer des locaux dépourvus de cheminées, on a imaginé différents appa-

reils ou ventilateurs. — Un des plus usités consiste en une petite caisse en communication avec la pièce à ventiler. Cette caisse, fixée dans le mur, dans le plafond ou dans un carreau, renferme un essieu muni d'ailes ou de palettes, qui, en tournant, opèrent la ventilation, entraînent l'air qui s'échappe de cette pièce.

10. Il est quelquefois nécessaire, pour activer le feux dans les foyers, dans les usines, d'y faire passer un fort courant d'air. On se sert pour cela des machines soufflantes.

11. Les plus simples et les plus usuelles sont le soufflet ordinaire et le soufflet de forge. Ce sont des réservoirs à air construits en cuir et en bois, dans lesquels l'air est aspiré par une soupape, qui se referme quand on rapproche les branches du soufflet. Il ne peut plus alors s'échapper que par le tuyau, et il le fait d'autant plus énergiquement, qu'on donne aux branches du soufflet un mouvement plus rapide.

12. Dans les usines, pour activer le feu des hauts fourneaux[1], on se sert d'appareils

____

1. Voir la *Petite Chimie*, chap. xv.

bien plus puissants, qui lancent des masses d'air dans le foyer. On les appelle *cylindres soufflants*, machines soufflantes *à piston*. Ce sont de véritables pompes foulantes, qui agissent sur l'air au lieu d'agir sur l'eau, et qu'on fait marcher à l'aide d'un mécanisme.

Questionnaire.

1. A quoi sert le siphon? — De quoi se compose-t-il?

2. Quelle est la manière de s'en servir?

3. Pourquoi le liquide monte-t-il dans le siphon?

4. A quel autre usage le siphon est-il encore employé?

5. A quoi sert la pipette? — Qu'est-ce que le tâte-vin?

6. Qu'est-ce que les sources intermittentes? — Qu'est-ce que les siphons intermittents, et à quoi servent-ils?

7. L'air agit-il sur nous par sa pression seulement? Faut-il renouveler l'air des habitations?

8. Quelle est l'utilité des cheminées?

9. Qu'appelle-t-on ventilateurs?

10. Comment active-t-on le feu des foyers?

11. Qu'est-ce qu'un soufflet?

12. Qu'appelle-t-on cylindres soufflants?

CHAPITRE XXV.

Des corps qui s'élèvent dans l'air. — Les ballons. — Comment on les construit. — Hauteur à laquelle on s'élève dans l'air.

1. Quoique tous les corps soient pesants, il en est cependant qui s'élèvent naturellement dans l'air, comme les nuages, la fumée, la poussière, certains gaz, etc. — C'est qu'ils sont plus légers que l'air ; ils flottent dans l'air par la même raison que le liège flotte sur l'eau.

2. Un des exemples les plus curieux en ce genre, ce sont les *ballons* ou *aérostats*.

Un ballon est une très grande sphère creuse faite avec du taffetas ou quelque autre tissu léger enduit d'un vernis qui le rend imperméable à l'humidité. On le remplit avec un gaz plus léger que l'air, le gaz hydrogène, ou le gaz d'éclairage, moins cher que le premier[1].

1. Voir la *Petite Chimie*, chap. III et chap. VI.

3. Ce ballon, vu la légèreté de son enveloppe et du gaz qu'il contient, étant beau-

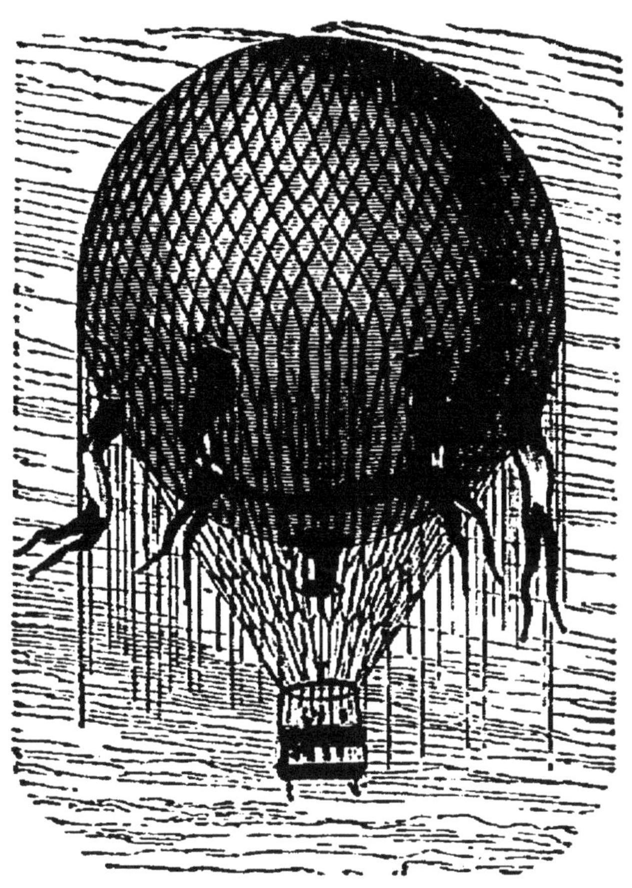

Fig. 41. — Ballon avec nacelle.

coup plus léger que l'air, s'élève tout seul, si on l'abandonne à lui-même.

4. On suspend au-dessous du ballon, à l'aide d'un filet, une petite nacelle dans laquelle se place l'*aéronaute*. C'est le nom que l'on donne au navigateur aérien.

Une soupape, établie à la partie supérieure du ballon, permet à l'aéronaute de donner à volonté issue au gaz, et la nacelle contient des sacs de sable, auxquels on donne le nom de *lest*.

5. C'est avec le baromètre, qui baisse à mesure que l'on s'élève, qui monte à mesure que l'on descend, que l'on reconnaît la hauteur à laquelle on se trouve, et que l'on règle, par conséquent, la manœuvre du ballon.

De nos jours, des savants se sont élevés à 9 000 mètres au-dessus de la terre; mais à une telle hauteur l'air devient trop rare et trop froid pour entretenir la vie, et il faut descendre.

6. Pour cela, on ouvre la soupape : le gaz s'échappe, le ballon devient moins léger et descend. Si, au contraire, on veut s'élever davantage, on jette du lest : le poids du ballon diminue, et alors il remonte dans les airs.

Des savants et des officiers français ont

fait recemment des expériences pour découvrir le moyen de diriger les ballons dans les airs. Il ont réussi à le faire, quand le temps est calme, en employant la force contenue dans des accumulateurs électriques pour mettre en mouvement les appareils destinés à faire marcher le ballon dans la direction que veut prendre l'aéronaute.

Les ballons n'ont pu être jusqu'ici utilisés qu'à la guerre ou pour des observations scientifiques.

Questionnaire.

1. Pourquoi certains corps s'élèvent-ils dans l'air ?

2. Qu'est-ce qu'un ballon ?

3. Qu'est-ce que devient un ballon quand on l'abandonne à lui-même ?

4. Comment s'élève-t-on dans un ballon ? — Que remarque-t-on dans un ballon ?

5. Comment sait-on la hauteur à laquelle on se trouve dans l'air ?

6. Comment peut-on faire monter ou descendre le ballon ? — Peut-on diriger le ballon ?

CHAPITRE XXVI.

Des météores. — Différentes sortes de météores. — Les météores aériens. — Ce que c'est que les vents; leurs causes; explication de la manière dont ils se forment. — Différentes sortes de vents. — Direction des vents. — Leur fréquence.

1. On appelle *météores* tout ce que l'on voit apparaître dans l'air, comme la pluie, les brouillards, le tonnerre, les vents, etc.

Il y a des météores produits par l'*air* même : tels sont les vents. — D'autres sont produits par l'*eau* : tels sont la pluie, les brouillards, etc. — Enfin, il y en a qui se montrent accompagnés de feu ou de lumière, tels que le tonnerre, l'arc-en-ciel, etc.

Parlons d'abord des météores qui résultent de l'air même.

2. Il fait du *vent* quand l'air est agité ou qu'il est déplacé par une cause quelconque. — Les *vents* sont des courants d'air, comme les rivières sont des courants d'eau.

3. Les vents proviennuent do différentes causes : une des principales est le changement de température.

4. Ce qui se passe dans une chambre chauffée nous donne l'idée de ce qui arrive dans l'air quand il fait du vent. — Le feu, en dilatant l'air de la cheminée, le rend plus léger et le force à s'élever. Cet air est aussitôt remplacé par un air plus froid, qui vient de toutes les parties de la chambre.— C'est ainsi que s'établit le courant qui entretient le feu.

5. Il en est de même de l'air. — Quand, sur un certain point de l'atmosphère, l'air s'échauffe, il se dilate, et, devenant plus léger, il s'élève. Il se fait une sorte de vide dans les lieux qu'occupait cet air ; alors l'air environnant, se précipitant dans ce vide, y produit le vent.

6. La terre, en tournant sur elle-même[1], la pluie et la grêle, en rafraîchissant l'air, produisent aussi des vents.

7. Dans nos contrées, les vents ne soufflent pas régulièrement, à des moments

1. Voir la *Petite Cosmographie*, chap. VI.

déterminés. Mais il y a, dans certains pays, des vents qui soufflent toute l'année, ou régulièrement à certaines époques de l'année.

8. On désigne ordinairement les vents d'après le point d'où ils viennent, ou la direction dans laquelle ils soufflent.

9. Les quatre vents principaux soufflent dans la direction des quatre points cardinaux :

Le vent d'*est* (levant) souffle vers l'*ouest* (couchant) ;

Le vent d'*ouest*, vers l'*est* ;

Le vent du *sud* (midi), vers le *septentrion* (nord) ;

Le vent du *nord*, vers le *sud*.

10. Entre ces quatre vents principaux, il en est d'intermédiaires :

Entre l'est et le nord, le vent *nord-est* ;

Entre le nord et l'ouest, le vent *nord-ouest* ;

Entre l'ouest et le sud, le vent *sud-ouest* ;

Entre le sud et l'est, le vent *sud-est*.

11. Voici, d'après leur ordre de fréquence, les vents qui soufflent en France. Le plus fréquent est le sud-ouest ; viennent ensuite

l'ouest, le nord-est, le nord, le sud, le nord-ouest, l'est et le sud-est.

Questionnaire.

1. Qu'appelle-t-on météores ? — Quelles sont les différentes sortes de météores ?

2. Quand fait-il du vent, et qu'est-ce que le vent ?

3. Quelles sont les différentes causes des vents ?

4. Que se passe-t-il dans une chambre chauffée, et comment s'y établit le courant d'air ?

5. Qu'arrive-t-il quand une portion d'air s'échauffe ?

6. Citez encore d'autres causes des vents ?

7. Les vents soufflent-ils partout de même ?

8. Comment désigne-t-on ordinairement les vents ?

9. Indiquez la direction des quatre vents principaux.

10. Nommez les vents intermédiaires qui se trouvent entre ces quatre vents principaux.

11. Quelle est la fréquence des vents en France ?

CHAPITRE XXVII.

Effets produits par les vents.— Leurs différentes qualités. — Leur influence sur le temps. — Cyclones; trombes. — Utilité des vents. — Vitesse du vent. — La girouette.

1. Il est important de connaître les effets que produisent les principaux vents dans nos contrées.

Les vents d'*est*, parcourant de grands espaces de terre sans traverser les mers, nous apportent un air sec, qui dissipe les nuages et dessèche la terre. — Ils sont chauds en été, froids en hiver et après la pluie.

2. Les vents d'*ouest*, traversant l'Océan avant d'arriver jusqu'à nous, s'imprègnent d'une grande quantité de vapeurs, qui se rassemblent en nuages. Voilà pourquoi ils produisent la pluie.— Ces vents sont chauds en été.

3. Les vents du *nord* produisent toujours le froid, mais rarement la pluie.

5.

4. Les vents du *sud* sont chauds et presque toujours suivis de pluies, parce que les vapeurs qu'ils amènent passent de pays très chauds dans des pays plus tempérés, s'épaississent et forment les nuages.

5. Quand les mouvements de l'air sont très violents, ils donnent lieu aux tempêtes, aux ouragans, aux tourbillons, qui résultent de la rencontre de deux vents soufflant en sens opposés.

Dans les mers tropicales, les grandes tempêtes tournantes portent le nom de *cyclones*, et produisent, par leur violence, les plus grands désastres.

6. On donne le nom de *trombes* à des colonnes d'air, de vapeurs ou d'eau, qui tournent sur elles-mêmes avec une grande vitesse, en montant ou en descendant. — Ces trombes peuvent avoir des effets désastreux.

A l'approche d'un orage, on voit souvent s'élever des tourbillons de poussière, qui sont de véritables trombes sèches.

7. Les trombes d'eau sont formées par des nuages qui descendent du ciel en tourbillonnant et en entraînant tout sur leur

passage. Aussi, quand elles tombent sur un navire, elles peuvent l'engloutir. — D'autres fois, c'est la mer qui s'élève en tourbillonnant vers les nuages.

8. Si les vents produisent quelquefois de grands dégâts, ils nous rendent, par compensation, de très grands services.

Ils renouvellent l'air que nous respirons, et qui, sans cela, se corromprait bientôt et engendrerait une foule de maladies.

9. Tantôt ils nous amènent les chaleurs de climats plus doux; tantôt ils chassent devant eux les nuages, qui tombent en pluies bienfaisantes.

10. Ils soulèvent et dispersent les semences des plantes à de grandes distances, et contribuent ainsi à en propager les différentes espèces.

Plus on étudie la nature, plus on y découvre des preuves de la prévoyance admirable de son divin Auteur!

11. Enfin, le génie de l'homme a su tirer parti des vents pour donner l'impulsion aux navires qui traversent les mers, pour faire marcher des mécaniques, telles que les moulins à vent, etc.

12. Pour connaître le vent qui souffle, il faut consulter la girouette, qui tourne sa pointe du côté opposé au vent, c'est-à-dire vers l'est quand souffle le vent d'ouest, etc.

13. On peut, avec certains appareils, mesurer la vitesse du vent. Cette vitesse varie depuis le vent le plus doux, qui parcourt 1 mètre en une seconde, jusqu'à l'ouragan, qui en parcourt 46 et renverse les édifices.

Questionnaire.

1. Quel est le caractère des vents d'est ?

2. — des vents d'ouest ?

3. — des vents du nord ?

4. — des vents du sud ?

5. A quoi donnent lieu les mouvements violents de l'air ? — Qu'appelle-t-on cyclones ?

6. Qu'est-ce qu'on appelle trombes ?

7. Qu'est-ce que les trombes d'eau ?

8. Les vents ont-ils quelque utilité ?

9. Quel est leur effet sur la température ?

10. Comment contribuent-ils à propager les plantes ?

11. Quel parti en tire l'homme ?

12. Comment connaît-on le vent qui souffle ?

13. Que sait-on de la vitesse du vent ?

CHAPITRE XXVIII.

Des météores aqueux. — Des nuages; de la manière dont ils se forment. — De la pluie; quantité de pluie. — Du brouillard et de la bruine. — Du givre. — Explication de tous ces phénomènes.

1. Les vapeurs qui s'élèvent continuellement des eaux de la mer montent dans l'air, parce qu'elles sont plus légères que l'air.

2. Arrivées à une certaine hauteur, elles se condensent en se refroidissant, parce que l'air est de moins en moins chaud à mesure que l'on s'élève, et elles deviennent visibles. Ces amas de vapeurs suspendues audessus de nos têtes forment ce qu'on appelle les *nuages*.

3. Il y a ordinairement dans l'air plusieurs couches de nuages les unes au-dessus des autres.

Quand on s'élève sur une haute montagne, on traverse souvent les nuages qu'on voyait du pied de cette montagne. On n'aperçoit alors rien autre chose autour de soi qu'un brouillard plus ou moins épais. — Si l'on s'élève un peu plus, on peut voir ces mêmes nuages au-dessous de soi.

4. Lorsque les nuages viennent à peser plus que l'air, ils tombent en *gouttelettes* ou en *pluie*.

La pluie tombe très inégalement dans les divers lieux du globe.

5. A l'aide d'un appareil fort simple, nommé *pluviomètre*, on mesure la quantité d'eau qui tombe dans une localité. Ainsi, il tombe annuellement dans l'intérieur de la France et de l'Angleterre 65 centimètres d'eau ; en Allemagne, 54 ; à Pétersbourg, 43 ; à Calcutta, 2 mètres, etc. Cela veut dire que l'eau de pluie tombée dans une année pourrait former une couche d'une épaisseur représentée par les nombres indiqués.

6. Le *brouillard* est un nuage dans lequel nous sommes, et qui n'a pu s'élever dans l'air. — Quand le brouillard devient trop épais, il tombe en une pluie très fine, qu'on nomme la *bruine*.

7. Les brouillards qui se forment le matin ou le soir au-dessus des lacs et des cours d'eau, quand le temps est serein, sont produits par le refroidissement de l'air. — Les vapeurs qui s'élèvent de ces eaux, entrant dans un air plus froid que l'eau dont elles proviennent, s'épaississent et forment comme une espèce de fumée.

8. Si l'air se refroidit pendant un temps de brouillard, le brouillard gèle et forme de petits glaçons, qui s'attachent aux arbres, aux habits, etc. : c'est ce qu'on appelle le *givre*.

Que de sujets d'admiration dans ces phénomènes, que nous regardons tous les jours d'un œil indifférent! « Si les nuages tombaient tout à coup comme des torrents, dit Fénelon, ils submergeraient et détruiraient tout dans le lieu de leur chute, et le reste des terres resterait aride. » Mais Dieu a voulu qu'ils ne puissent tomber que goutte à goutte, comme si on les distillait à travers un arrosoir; et, afin qu'ils ne se réunissent pas tous sur un même point, il a établi les vents pour les disperser au loin.

Questionnaire.

1. Pourquoi les vapeurs de la mer s'élèvent-elles dans l'air?

2. Comment ces vapeurs se changent-elles en nuages?

3. N'y a-t-il qu'une couche de nuages dans l'air? — Qu'arrive-t-il quand on s'élève sur une haute montagne?

4. Qu'arrive-t-il quand les nuages pèsent plus que l'air? — La pluie tombe-t-elle partout également?

5. Peut-on mesurer la quantité de pluie tombée dans un endroit?

6. Qu'est-ce que le brouillard?—Qu'arrive-t-il quand le brouillard devient trop épais?

7. Par quoi sont produits les brouillards qu'on voit au-dessus des eaux?

8. Comment se forme le givre? —Quelles réflexions morales doivent nous inspirer ces phénomènes?

CHAPITRE XXIX.

De la rosée.— Du serein.— Des gelées blanches. — De la neige et de la grêle. — Du grésil et du verglas. — Des feux follets. — Des aurores boréales. — Des pierres qui tombent du ciel. — Des prétendues pluies de sang, de soufre.

1. On appelle *rosée* les gouttelettes d'eau qui se déposent sur les plantes et sur les

autres corps, pendant les nuits les plus se-
reines. Un grand vent empêche la rosée de
se produire.

2. Le *serein*, ou cette humidité qui le
soir imprègne les corps exposés à l'air,
sans même qu'il y ait de brouillards, n'est
autre chose que la rosée de la nuit qui
commence.

C'est une espèce de serein ou de rosée
qui couvre d'eau les murs des maisons
pendant un dégel, et qui fait dire qu'*ils
suent*.

3. La rosée, comme le serein, provient
de ce que les corps qui sont sur la terre se
refroidissant pendant l'absence du soleil,
les vapeurs répandues dans l'air s'épaississent et forment des gouttelettes en touchant
ces corps plus froids que l'air même.

Il est dangereux de rester exposé au serein après une journée chaude, qui a ouvert
tous les pores de la peau.

4. Lorsque les nuits sont plus longues,
le ciel découvert, et l'air plus froid, la rosée
gèle et forme ces glaçons qu'on appelle *gelées blanches*.

5. Quand l'air dans lequel parviennent

les nuages est au-dessous de *zéro*, c'est-à-dire à la température où l'eau gèle, les gouttelettes d'eau, durcies par le froid, forment de la *neige* ou des *grêlons*. Les grêlons, habituellement de la grosseur de petites noisettes, peuvent atteindre et même dépasser la grosseur d'un œuf de poule.

6. Le *grésil* est une petite grêle peu dure, qui semble tenir le milieu entre la neige et les grêlons.

Le *verglas* est une glace mince, qui se forme quand une pluie légère tombe sur la terre encore glacée.

7. Dans certains pays chauds, où il ne pleut presque jamais, les rosées de la nuit sont si abondantes qu'elles suppléent suffisamment à la rareté ou au défaut de pluies. — Ailleurs, les inondations des fleuves, arrivant constamment dans la même saison, pourvoient suffisamment aux besoins de la terre.

8. Rappelons en quelques mots ce que nous venons de dire :

Les *nuages* sont des brouillards qui s'élèvent et se soutiennent dans l'air;

Les *brouillards*, des espèces de nuages

reposant sur la terre, et dans lesquels nous sommes;

Le *givre* est un brouillard qui gèle;

La *pluie*, un nuage qui tombe en gouttes d'eau ;

La *neige* et la *grêle* sont de la pluie qui gèle ;

La *serein* et la *rosée* résultent des vapeurs d'eau invisibles, contenues dans l'air, et qui se changent en eau en se refroidissant;

La *gelée blanche* est de la rosée gelée.

9. On donne le nom de *feux follets* à de petites flammes qu'on voit quelquefois voltiger dans l'air pendant la nuit au-dessus des marais et dans les lieux où il y a des matières qui se putréfient. — On ne les aperçoit pas pendant le jour parce que leur lumière est trop faible.

10. Comme on en voit quelquefois dans les cimetières, les ignorants, qui sont toujours des gens très superstitieux, prétendent que ce sont les âmes des morts qui reviennent. — Mais voici ce que nous apprend à cet égard la physique, qui a déjà détruit bien des préjugés ridicules : les matières en putréfaction fermentent et répandent

dans l'air une grande quantité de gaz. Or, parmi ces gaz, il en est un qui s'allume à l'air, l'hydrogène phosphoré[1]. — Voilà tout simplement ce qui produit les feux follets, qui voltigent dans l'air à cause de leur légèreté.

11. On nomme *aurore boréale* un grand arc lumineux qu'on voit dans le ciel, du côté du nord, après le coucher du soleil, et qui est traversé par des gerbes ou rayons mobiles et brillants comme du feu. Ce phénomène, très rare dans nos climats, est d'autant plus fréquent qu'on se rapproche plus des pôles.

Il est dû au magnétisme de l'atmosphère.

12. S'il ne faut pas se moquer des personnes qui assurent avoir vu tomber des pierres du ciel (cela est arrivé déjà plusieurs fois, même en France)[2], il ne faut pas croire ce que l'on débite sur de prétendues pluies de soufre, de sang.

Les prétendues *pluies de soufre* sont for-

---

1. Voir la *Petite Chimie*, chap. vi.
2. Ces pierres se nomment *aérolithes;* voir la *Petite Cosmographie*, chap. xx.

mées par une poussière jaune provenant de certaines plantes. Cette poussière, très légère, est soulevée par le vent et portée quelquefois à de grandes distances. — On voit journellement, autour des plantations de pins, la terre recouverte de cette poussière.

Les prétendues *pluies de sang* sont produites par des poussières du même genre, ou par des milliers de très petits insectes rouges, qui, soulevés par un tourbillon, retombent sur la terre avec la pluie, qu'ils teignent de leur couleur.

Questionnaire.

1. Qu'est-ce qu'on appelle rosée?

2. Qu'est-ce que le serein ?

3. D'où proviennent la rosée et le serein?

4. Qu'est-ce qui forme la gelée blanche?

5. Comment se forment la neige et les grêlons?

6. Qu'est-ce que le grésil?—Quand voit-on du verglas?

7. Qu'est-ce qui supplée à la pluie dans les pays où il ne pleut pas

8. Rappelez ce que vous avez appris dans ces deux derniers chapitres.

9. Qu'est-ce qu'on appelle feux follets?

10. Qu'est-ce qui produit les feux follets?

11. Qu'est-ce qu'on nomme aurore boréale ?

12. Qu'est-ce qui forme les prétendues pluies de soufre?—les prétendues pluies de sang?

CHAPITRE XXX.

De l'électricité. — Phénomènes par lesquels le fluide électrique se manifeste. — Différents moyens par lesquels on le produit. — La machine électrique; ses effets. — Bouteille de Leyde. — Batteries électriques.

1. Il existe dans toute la nature un principe invisible, espèce de corps si subtil qu'il échappe à la vue.—Ce principe a été nommé *électricité* ou *fluide électrique*, parce qu'on l'a découvert dans l'ambre jaune, minéral qu'on appelait en grec *électron*.

2. Voici comment on prouve l'existence du fluide électrique, quoiqu'on ne le voie pas.

Quand on frotte un bâton de cire à cacheter contre du drap, et qu'on l'approche d'un corps léger, comme une barbe de plume, on voit cette barbe, attirée par le bâton de cire, y rester collée.—Ce qui retient la barbe de plume ainsi attachée au bâton de cire,

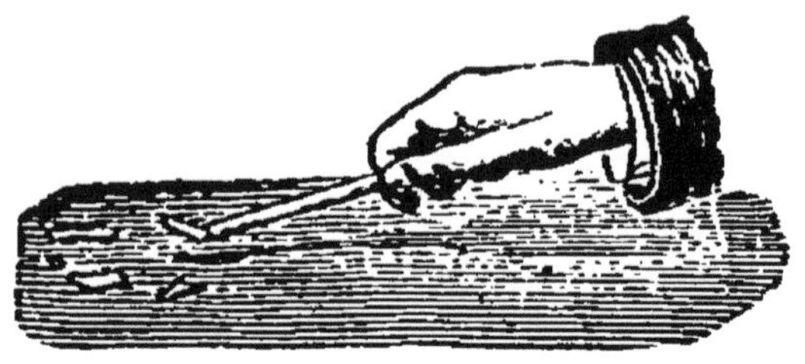

Fig. 42.

c'est le fluide électrique qu'on a fait sortir par le frottement.

3. Si l'on frotte ou si l'on frappe à plusieurs reprises un gâteau de poix-résine avec une peau de chat, on en voit sortir, dans l'obscurité, une légère lumière bleuâtre.

Si l'on en approche le doigt, on en fait sortir une étincelle bleuâtre, qui pétille et fait éprouver une sensation de piqûre. — Si l'on réitère la même expérience, on sent de l'engourdissement dans le bras.

Ces effets sont dus à l'électricité qu'on a fait sortir du gâteau de résine par le frottement.

4. Le frottement n'est pas le seul moyen de dégager l'électricité des corps. — Il y a des corps qui deviennent électriques quand on les chauffe : par exemple, le soufre. — D'autres le sont par le contact, c'est-à-dire quand on les applique l'un contre l'autre : par exemple, une plaque de zinc et une plaque de cuivre mouillées avec une substance acide, comme le vinaigre.

5. On construit diverses machines avec lesquelles on dégage l'électricité, ou on l'amasse, ou on la concentre dans différents corps.

La *machine électrique* ordinaire consiste en un plateau de verre arrondi, qui tourne entre des coussins de peau.—Le frottement du verre contre ces coussins y développe l'électricité, qui de là passe dans les cylindres de cuivre en communication avec le plateau, dans lesquels s'amasse l'électricité.

6. Les effets produits par cette machine sont les mêmes que ceux dont nous avons parlé, mais ils sont bien plus forts.— Si l'on touche les cylindres ou conducteurs lorsqu'ils sont fortement chargés d'électricité, on ressent une secousse douloureuse, qui peut devenir très dangereuse si la ma-

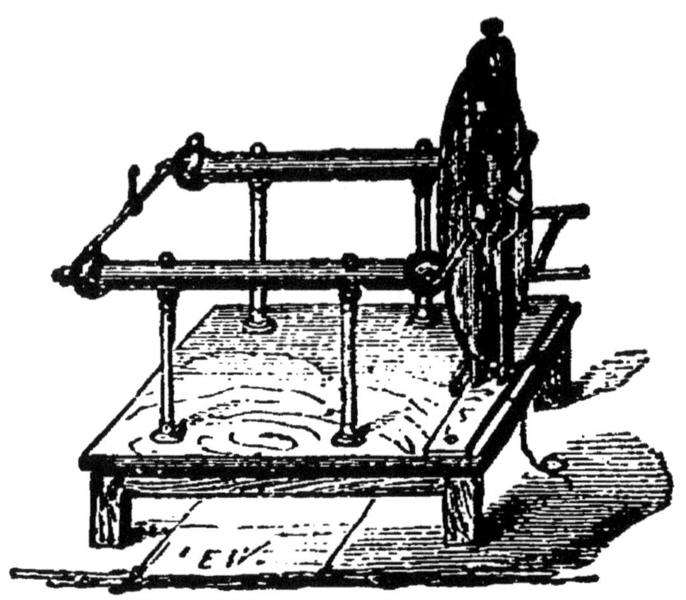

Fig. 43. — Machine électrique.

chine est puissante. L'étincelle électrique produite par la machine peut enflammer l'alcool, la poudre à canon.

7. La *bouteille de Leyde* est une bouteille garnie intérieurement et extérieurement de feuilles de métal et munie d'une tige arrondie.

Cette tige sert à accumuler l'électricité à

l'aide de la machine, ou à la décharger, en produisant les effets que nous venons de décrire.

On appelle *batterie électrique* la réunion de plusieurs bouteilles de Leyde placées dans une caisse et communiquant ensemble. Les effets obtenus avec cet appareil sont tellement puissants, qu'on peut, par ce moyen, foudroyer les animaux.

Fig. 44.
Bouteille de
Leyde.

Questionnaire.

1. Qu'est-ce que le fluide électrique, et pourquoi les physiciens le nomment-ils ainsi?

2. Comment prouve-t-on l'existence du fluide électrique? — Dans un bâton de cire à cacheter?

3. Dans un gâteau de poix-résine? — Qu'arrive-t-il quand on en approche le doigt?

4. Quels sont les autres moyens de faire sortir l'électricité des corps? — Exemples.

5. Qu'est-ce que la machine électrique?

6. Quels sont les effets produits par cette machine?

7. Qu'est-ce que la bouteille de Leyde? — Qu'appelle-t-on batterie électrique?

CHAPITRE XXXI.

Des piles électriques. — Pile de Volta. — Piles à courant constant de Bunsen, de Daniell, de Leclanché. — Piles secondaires : accumulateurs électriques. — Mesure de la force électrique.

1. Avec la machine électrique et la bouteille de Leyde on obtient ou l'on renferme l'électricité à l'état de repos[1]. Pour mettre l'électricité en mouvement ou *galvanisme*, en d'autres termes, pour produire des *courants électriques*, on se sert de différents appareils appelés *piles voltaïques* ou *galvaniques*.

2. Le premier de ce genre a été nommé *pile de Volta* (du nom de son inventeur), ou *pile à colonnes*, parce qu'il est formé de disques ou plaques métalliques arrondies,

[1]. L'électricité au repos est l'électricité *statique* ; en mouvement, c'est l'électricité *dynamique*.

placées les unes au-dessus des autres. Ces disques, alternativement en zinc et en cuivre, sont séparés par des rondelles de drap imbibées d'eau acidulée, servant à transmettre le courant électrique ou *voltaïque* qui se développe dans ces métaux.

3. Les deux extrémités de la pile s'appellent *pôles de la pile* : l'un, le disque de zinc, est le pôle *positif*; l'autre, le disque de cuivre est le pôle *négatif*. Un fil de cuivre entouré de soie est fixé à chaque pôle; et le courant électrique se produit quand on réunit ces deux fils bout à bout, ou qu'on les applique tous deux à l'objet qu'on veut électriser.

4. La pile à colonnes est remplacée aujourd'hui par d'autres appareils qui développent aussi de l'électricité par l'action des acides sur les métaux, mais qui sont plus puissants ou plus commodes que la pile de Volta.

Parmi les piles voltaïques les plus usitées dans les arts et l'industrie sont les piles de Bunsen, de Daniell et de Leclanché. On les met en action avec deux liquides, et elles donnent des courants *constants*, c'est-à-dire

qui durent un temps assez long pour faciliter les travaux auxquels on les emploie.

Chacune de ces piles compte un ou plusieurs *couples* ou *éléments;* on appelle ainsi
chacun des vases qui la composent, et qui
sont réunis entre eux par des conducteurs
métalliques. La force du courant électrique
qui se produit dans une pile dépend du
nombre de ses couples ainsi que de leur
grandeur.

5. Le couple ou élément de Bunsen se
compose d'un vase extérieur de verre ou de

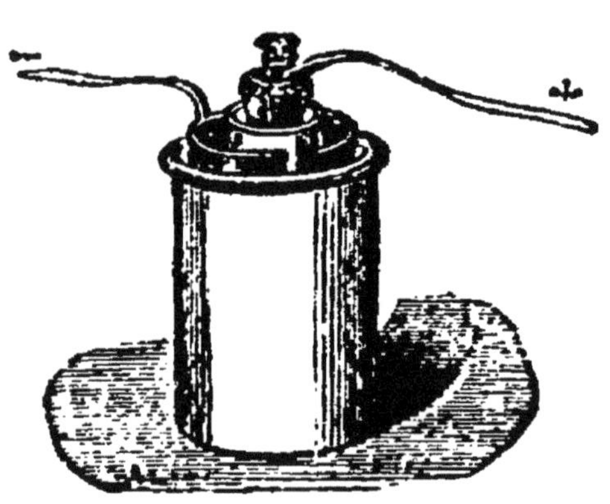

Fig. 45. — Couple de Bunsen.

faïence, dans lequel on place un cylindre
de zinc sans fond. Dans l'intérieur de ce cy-

lindre est un vase poreux en terre de pipe, qui reçoit un bâton de charbon préparé pour cet usage. On verse de l'acide azotique[1] dans le vase poreux qui contient le charbon, et de l'eau salée ou acidulée dans le vase extérieur. Deux lames de cuivre, fixées l'une au zinc, l'autre au charbon, communiquent à des fils qui conduisent l'électricité vers les objets ou les liquides que l'on veut *galvaniser*, c'est-à-dire électriser au moyen d'une pile.

6. Dans la pile de Daniell, le charbon est

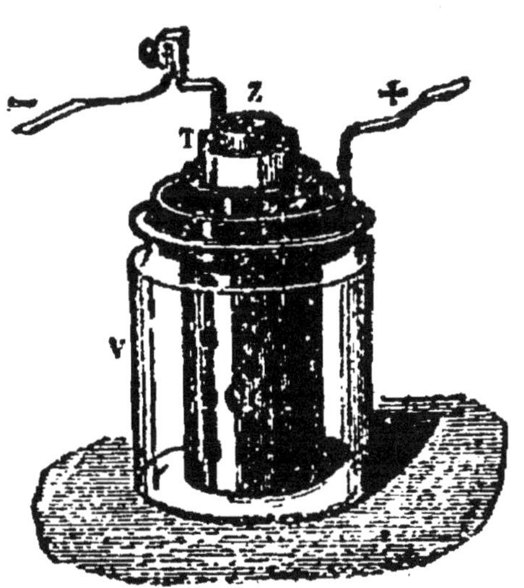

Fig. 46. — Couple de Daniell.

1. Voir notre *Petite Chimie*, chap. IV.

remplacé par un bâton de zinc ; le cylindre de zinc est remplacé par un cylindre de cuivre, et le vase extérieur contient, au lieu d'eau acidulée, une dissolution de sulfate de cuivre.

7. La pile Leclanché se compose d'un bâton de zinc plongeant dans une dissolution de sel ammoniac, et d'un prisme de charbon, placé dans un vase poreux, que l'on remplit de fragments de coke et de bioxyde de manganèse.

8. Dans les piles que nous venons de décrire, le courant se dépense au fur et à mesure qu'il se produit. On construit maintenant des piles *secondaires*, ainsi nommées parce que le courant électrique est formé, en premier lieu, par la décomposition, en second lieu, par la recomposition des substances chimiques qu'elles contiennent. Elles ont l'avantage de permettre d'emmagasiner une quantité considérable d'électricité, qu'on peut conserver ou dépenser, au fur et à mesure des besoins, proportionnellement à la quantité du travail à accomplir.

9. Ces appareils portent le nom d'*accumulateurs électriques*; ils sont pesants, à la vé-

rité, mais mobiles, et peuvent être placés sur des voitures, sur des locomotives. Ils transportent en eux la force nécessaire à la mise en marche des appareils, quels qu'ils soient, auxquels ils sont destinés : voitures, foyers de lumière, etc.

10. Dans l'industrie, il est souvent nécessaire de mesurer l'intensité des courants électriques. L'unité des mesures dont on se sert se nomme *ampère*[1]. On peut connaître, d'une façon expéditive, l'intensité d'un courant, au moyen d'un galvanomètre gradué.

Questionnaire.

1. Comment produit-on les courants électriques ?

2. Qu'appelle-t-on pile de Volta ou pile à colonnes ?

3. Qu'appelle-t-on pôles d'une pile ?

4. Quelles sont les piles les plus usitées ? — Quel est leur avantage ?

1. L'intensité d'un ampère est celle de 1 *volt* agissant sur une résistance de 1 *ohm*. Ce *volt*, c'est la force électrique développée par un élément de la pile Daniell. 1 *ohm* est représenté par une colonne de mercure de 1 millimètre carré de section et de 106 centimètres de longueur à la température de 0°.

Quelle est leur con-
struction ?

5. Comment est con-
struite la pile de Bun-
sen ?

6. — celle de Daniell?

7. — celle de Leclan-
ché?

8. Qu'appelle-t-on pi-
les secondaires ?— Quel
est leur avantage ?

9. A quoi servent les
accumulateurs électri-
ques ?

10. Peut-on mesurer
la force électrique ?

CHAPITRE XXXII.

*Effets physiques, chimiques et physiologiques
des piles. — Éclairage électrique. — Galvanoplastie.*

1. Les piles voltaïques ont des effets *physiques, chimiques* et *physiologiques*, dont la
force est proportionnée à celle de l'appareil.

2. Parmi les effets physiques, l'un des
plus curieux est celui de *l'éclairage électrique,* qui résulte d'un courant électrique
intense que l'on fait passer entre deux cônes
de charbon en contact. La lumière qui se
produit est tellement vive que l'on a peine
à en supporter l'éclat.

3. On a utilisé cette propriété du courant électrique pour l'appliquer à l'éclairage des villes, des ateliers, des édifices, des habitations privées. A cet effet, on établit, à proximité des lieux à éclairer, un appareil assez puissant pour produire un courant énergique, et l'on en fait partir des fils conducteurs de l'électricité, qui aboutissent à des lampes ou à des foyers répartis suivant les besoins. On peut ainsi diviser la lumière électrique et la distribuer dans les rues, dans les théâtres, dans les maisons, comme on le fait pour le gaz d'éclairage.

4. Pour obtenir des résultats si importants, on a imaginé des appareils bien plus perfectionnés que les cônes de charbon dont nous avons parlé. On les nomme *lampes à incandescence*, parce que le courant électrique lumineux rend incandescents, pendant un temps prolongé, les corps bons conducteurs de l'électricité qu'il traverse. Ce sont des fils de platine, des tiges de charbon très déliées et préparées d'une façon spéciale. Mais, comme des baguettes de charbon d'un aussi faible diamètre brûleraient rapidement à l'air, on les enferme dans des boules de

verre où l'on fait le vide, et l'on obtient ainsi
les lampes à incandescence, que l'on fixe sur

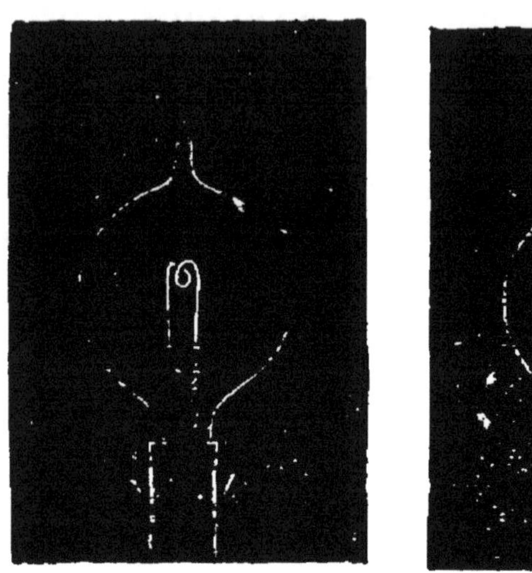

Fig. 47.   Fig. 48.

Lampes à incandescence.

les murailles, sur des supports en communication par des fils conducteurs avec l'appareil producteur de l'électricité. Une lampe
à incandescence ordinaire équivaut à deux
lampes Carcel.

5. Un des effets chimiques les plus intéressants de la pile s'observe dans la *galvanoplastie*. Voici en quoi elle consiste : un
sel métallique, dissous dans un liquide en

communication avec les deux pôles de la pile, dépose une couche mince et adhérente de métal sur les objets que l'on plonge dans ce liquide suspendus à un fil métallique en communication avec le pôle négatif.

6. Si, dans ces conditions, on plonge, par exemple, une cuiller d'étain dans de l'eau où l'on a fait dissoudre du nitrate d'argent (sel formé d'acide nitrique et d'argent), cette substance se décompose, et l'argent va se fixer à la cuiller, qui se trouve ainsi solidement argentée.

On a tiré parti de cette propriété de la

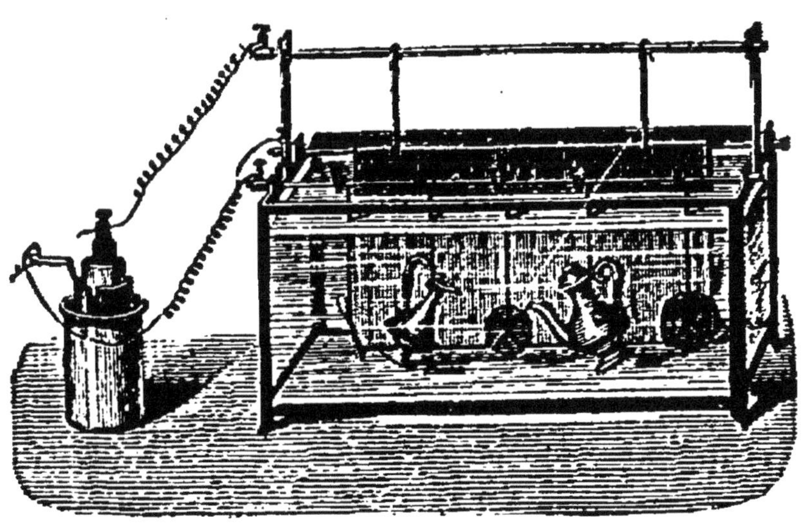

Fig. 49. — Argenture galvanique.

pile pour cuivrer, argenter, dorer, nickeler les métaux, le bois, etc. — C'est ainsi que se fabrique l'argenterie dite *Ruolz*, et que l'on peut cuivrer de volumineux objets métalliques, tels que des statues, ou des objets très délicats, tels que des fleurs, des insectes.

7. La pile détermine sur l'homme et sur les animaux des effets semblables à ceux de la machine électrique, et qu'on appelle *physiologiques*. Elle fait contracter les muscles, rougir la peau, et elle produit des secousses et des sensations douloureuses plus ou moins fortes selon sa puissance.

Questionnaire.

1. Quels sont les effets de la pile ?

2. Comment produit-elle la lumière électrique ?

3. Comment l'a-t-on appliquée à l'éclairage ?

4. Qu'appelle-t-on lampes à incandescence?—Comment sont-elles construites ?

5. En quoi consiste la galvanoplastie?

6. Comment s'exécute cette opération ?

7. Qu'appelle-t-on effets physiologiques de la pile?

CHAPITRE XXXIII.

*Appareils d'induction électro-magnétiques. —
Bobine d'induction. — Aimants. — Électro-
magnétisme. — Appareil de Ruhmkorff. —
Machines magnéto-électriques. — Télégraphes
électriques. — Téléphone. — Microphone. —
Photophone. — Boussole.*

1. Quand on veut obtenir des effets très
puissants avec la pile, on est obligé d'en
multiplier les éléments, ce qui la rend peu
commode et peu transportable. Pour obtenir
les mêmes résultats, on emploie alors des
appareils aussi puissants et beaucoup moins
encombrants. Ce sont les appareils d'*induction*. Il y en a de deux sortes : 1° ceux qui
produisent des courants électriques à l'aide
de piles voltaïques ; 2° ceux qui les produisent avec des aimants : ce sont les machines
électro-magnétiques.

On donne le nom de *courants d'induction* :
1° à des courants électriques qui se développent dans un fil métallique par l'effet

d'autres courants développés à l'aide d'une pile dans un fil voisin du premier ; 2° à ceux qu'on produit au moyen d'un aimant dans un fil métallique enroulé autour de cet aimant.

2. Le fil qui communique avec les deux pôles de la pile est le fil du *courant induc-*

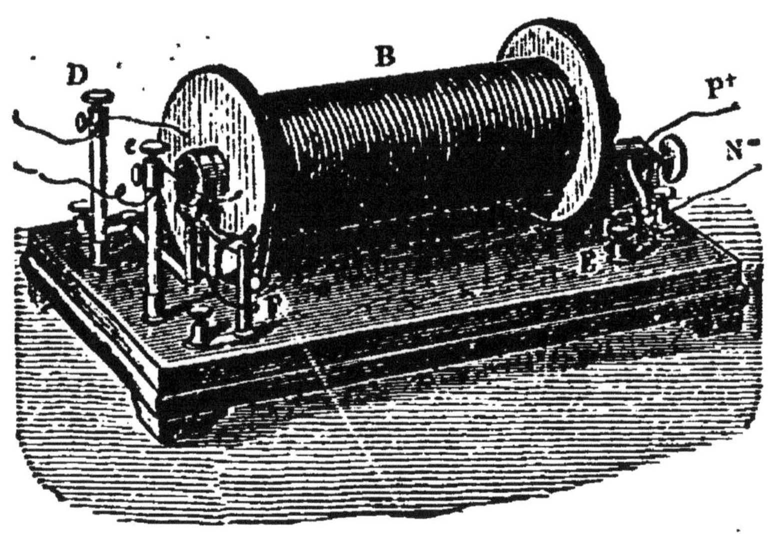

Fig. 50. — Bobine de Ruhmkorff.

teur. Le fil où se développe l'électricité par le voisinage du premier est le fil du *courant induit.* On enroule ces deux fils autour d'une bobine, en les isolant l'un de l'autre au moyen de soie ou d'enduits isolants dont on les revêt. On appelle cet appareil *bobine d'induction.*

3. On appelle *pierre d'aimant* ou *aimant naturel* un minerai de fer qui a la propriété d'attirer le fer et l'acier. On donne le nom de *magnétisme* à cette propriété de l'aimant. On nomme substances magnétiques les substances qui sont attirées par l'aimant. Les *aimants artificiels* sont des barreaux de fer auxquels on donne les propriétés magnétiques au moyen de certaines opérations, effectuées soit par d'autres aimants, soit par l'électricité.

4. On peut communiquer les propriétés de l'aimant à toute espèce de fer, en faisant circuler à volonté l'électricité dans un fil conducteur entourant ce fer. C'est ce que l'on appelle l'*électro-magnétisme*. L'aimant, à son tour, augmente la force du courant électrique au centre duquel on le place.

5. On construit des machines électro-magnétiques très puissantes avec des bobines d'induction, à l'intérieur desquelles on place un aimant. Telle est, par exemple, la machine de Ruhmkorff, en usage aujourd'hui dans les arts et dans l'industrie, et qui porte le nom de son premier constructeur.

Elle se compose de trois éléments de

Bunsen, qui dégagent l'électricité dans une bobine autour de laquelle s'enroule un fil inducteur de 40 mètres et un fil induit, auquel on peut donner jusqu'à 120 kilomètres de longueur.

6. Les effets de la bobine de Ruhmkorff sont extraordinaires. L'étincelle électrique qu'elle dégage peut avoir jusqu'à 40 centimètres de longueur; elle fond les métaux, traverse des masses de verre de 10 centimètres d'épaisseur et reproduit les effets de la foudre. A l'aide de cette bobine, on peut allumer instantanément plusieurs centaines de becs de gaz dans les salles publiques; on enflamme, même sous l'eau, les mines chargées de poudre, et cela à de très grandes distances. Elle sert encore, dans ce dernier cas, à dégager sans difficulté, sous l'eau, la plus vive lumière, dans des tubes de verre préparés pour recevoir l'électricité.

7. Quand on approche ou qu'on éloigne un morceau de fer d'un aimant sur lequel on a enroulé un fil de cuivre recouvert de soie, il y a production d'un courant électrique instantané dans le fil de cuivre. Il suffit de faire tourner un aimant entou-

ré de fil de cuivre dans le voisinage immédiat d'une pièce de fer, pour obtenir à chaque instant des courants électriques.

C'est sur ce principe que sont construites les machines *magnéto-électriques*. Leur puissance est en rapport avec le volume des pièces métalliques qui les composent ; on les met en mouvement tantôt avec des machines à vapeur, tantôt avec des roues hydrauliques ou mues par l'eau. Comme elles peuvent produire des courants électriques très énergiques, on les applique surtout à l'éclairage des phares, des chantiers, des grands magasins, etc. L'une des machines magnéto-électriques les plus usitées est la machine Gramme, qui peut éclairer jusqu'à 60 becs lumineux, donnant chacun la lumière de 100 lampes Carcel. Avec deux machines Gramme, réunies par un fil conducteur, à plusieurs kilomètres de distance, on peut transformer la force électrique développée dans la première en force motrice développée dans la seconde.

8. Indépendamment des effets physiques et chimiques que nous avons énumérés, les appareils d'induction et les machines ma-

gnéto-électriques produisent sur les animaux des effets plus puissants, plus dura-
bles, que ceux de la machine électrique ou
des piles galvaniques. Ils font contracter
énergiquement les muscles : ils peuvent être
employés à brûler les chairs, et sont fréquemment utilisés en médecine.

9. Une des applications les plus merveilleuses de l'électro-magnétisme consiste dans
la *télégraphie électrique.*

Tout télégraphe électrique se compose
d'une pile qui produit le courant électrique,
d'un appareil *manipulateur*, qui transmet
la dépêche, et d'un appareil *récepteur*, qui
la reçoit.

Les postes télégraphiques sont rattachés
entre eux par des *fils* conducteurs et isolés,
soutenus de distance en distance par des
poteaux ou bien enfouis sous terre.

Le fluide électrique, communiqué au fil
de l'appareil manipulateur au moyen de
piles, met en mouvement l'appareil récepteur auquel ces fils aboutissent. Ce dernier
reproduit les mots ou les signes transmis à
travers les fils de l'appareil manipulateur.

C'est ainsi que deux personnes peuvent

correspondre aux plus grandes distances et même à travers les mers dans un temps très court, l'électricité qui met en mouvement ces appareils, se transmettant avec une rapidité incommensurable, supérieure à celle de la lumière; toutefois elle est moins grande dans les câbles sous-marins. De Paris à New-York, par exemple, le câble électrique sous-marin transmet en une seconde chacun des signes qui forment une dépêche.

Il existe plusieurs formes de télégraphes électriques, les uns à *cadran* ou à *signaux*, les autres, comme le télégraphe Morse, le plus usité aujourd'hui, écrivant ou imprimant certains signes convenus; ils ne diffèrent entre eux que par la construction du manipulateur et du récepteur.

Fig. 51. — Manipulateur du télégraphe Morse.

Chaque bureau télégraphique, devant envoyer ou recevoir tour à tour des dépêches,

Fig. 52. — Récepteur du télégraphe Morse.

possède une pile, un appareil manipulateur et un appareil récepteur. Il s'y trouve, de plus, un instrument nommé *galvanomètre*, qui, au moyen du mouvement d'une aiguille aimantée, indique le passage du courant électrique dans les fils.

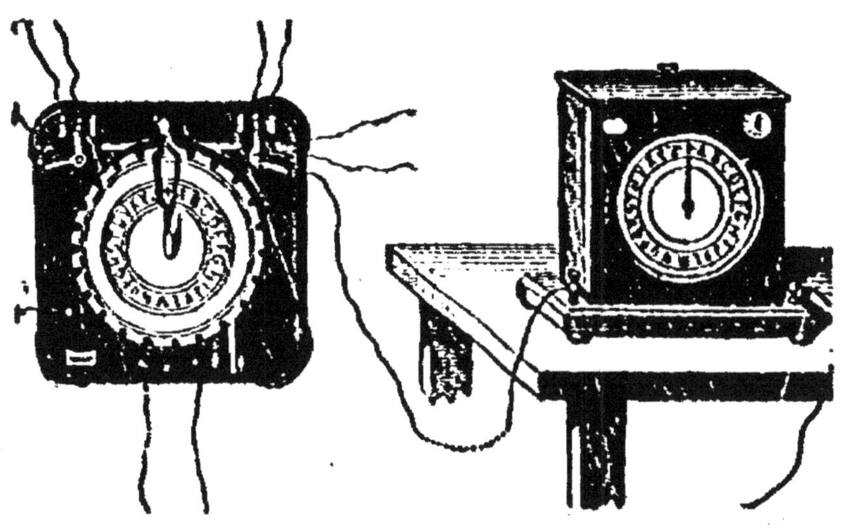

Fig. 53. — Télégraphe à cadran.

C'est avec des appareils semblables au télégraphe électrique que l'on établit, dans l'intérieur des habitations, des sonneries électriques, et que, dans quelques grandes villes, on règle toutes les horloges, à la même heure.

10. Une autre application merveilleuse de l'électricité a amené la découverte d'un ingénieux appareil appelé le *téléphone*. C'est

un instrument qui, appliqué à un fil du télégraphe, transmet non plus des signes ou des lettres comme le télégraphe, mais le son même, et permettra bientôt à deux personnes de tenir conversation à des distances de plusieurs centaines de lieues, et même à travers les câbles sous-marins. On établit dans les villes, dans les habitations, des fils téléphoniques, comme on a établi des fils télégraphiques.

Le *microphone* est un autre instrument qu'on emploie pour renforcer les sons du téléphone et rendre ainsi sensibles des bruits très faibles. Le *photophone* est un instrument qui transforme les rayons lumineux en vibrations sonores, autrement dit la lumière en son.

11. La propriété de l'aimant de diriger toujours une de ses extrémités vers le nord a fait inventer la boussole.

Cet instrument consiste en une aiguille aimantée, et fixée sur un pivot de manière à tourner librement. — Cette aiguille est placée au milieu d'un cadran divisé en degrés, et sur lequel sont indiqués les quatre points cardinaux. L'aiguille, dirigeant toujours vers le nord l'une de ses extrémités, toujours la même, permet de déterminer la

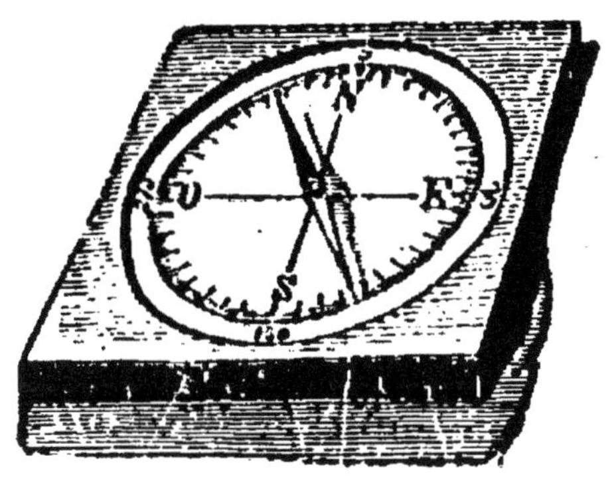

Fig. 54. — Boussole.

direction du pôle nord. Par cette propriété, elle sert à guider les navigateurs à travers les mers, et leur permet de reconnaître la route qu'ils doivent suivre quand ils ne voient plus que le ciel et l'eau.

Questionnaire.

1. Qu'appelle-t-on courants d'induction?

2. Qu'est-ce que le courant inducteur? — Qu'appelle-t-on courant induit?

3. Qu'appelle-t-on aimant? — Y a-t-il plusieurs sortes d'aimant?

4. Qu'est-ce que l'électro-magnétisme?

5. Décrivez l'appareil de Ruhmkorff.

6. Quels en sont les effets?

7. Sur quel principe sont construites les machines magnéto-électriques? — A quoi servent-elles? — Qu'est-ce que le photophone?

8. Quels effets produisent sur les animaux les appareils d'induction?

— les machines magnéto-électriques?

9. Décrivez le télégraphe électrique.

10. Qu'est-ce que le téléphone? — A quoi sert le microphone? — Parlez de la machine Gramme.

11. Qu'est-ce que la boussole? — Quel en est l'usage?

CHAPITRE XXXIV.

De l'électricité atmosphérique. — Ce qui produit le tonnerre. — Découvertes et curieuses expériences de Franklin. — Explication de divers phénomènes qui arrivent pendant les orages. — Construction des paratonnerres.

1. Il existe également de l'électricité dans l'atmosphère. — Le *tonnerre* ou la *foudre* est tout simplement un effet du fluide électrique.

2. Le célèbre Franklin, savant américain, découvrit au siècle dernier que les effets produits par les physiciens avec les machines électriques sont absolument de la même nature que les effets produits par le tonnerre, et il trouva le moyen de neutraliser, c'est-à-dire de rendre nuls les effets, souvent terribles, de l'électricité atmosphérique.

Fig. 55. — Expérience de Franklin.

3. Franklin a prouvé par de belles expériences que les orages sont occasionnés par
le fluide électrique qui s'amasse dans les
nuages.

Quand ces nuages sont fortement chargés,
ils laissent échapper ce fluide sur la terre.
On dit alors que le tonnerre est tombé.

4. Quand ce fluide passe d'un lieu dans
un autre, ou que deux nuages chargés d'électricité viennent à se rencontrer, il en résulte
un *éclair*, qui est en grand ce que l'étincelle
électrique qui sort du gâteau de résine est
en petit.

5. Le *roulement* du tonnerre est produit
par les secousses ou l'ébranlement que ressent l'air au moment où le fluide électrique
se décharge sur un nuage ou sur la terre,
et par l'écho, qui répète plusieurs fois ce
bruit dans le ciel.

6. Puisque le tonnerre est un effet naturel
des lois établies par le Créateur dans la
nature, il ne faut pas s'en effrayer, comme
le font les gens peureux ou superstitieux;
mais il ne faut pas non plus s'y exposer
par bravado. — Et, puisqu'il occasionne
souvent des accidents, il est sage de cher-

cher à s'en garantir par quelques précautions.

7. Il faut s'éloigner des lieux élevés, comme un clocher, une haute montagne, parce qu'ils attirent la foudre; il faut, par la même raison, s'éloigner des arbres, des objets métalliques, qui produisent le même effet. C'est ainsi que, pendant un orage, on est plus en sûreté au milieu d'une plaine que sous l'arbre le plus épais.

La foudre peut produire sur les télégraphes et sur les fils électriques des accidents redoutables pour ceux qui s'en approchent. On évite ces dangers en ayant soin, par les temps orageux, de faire communiquer les appareils avec la terre.

8. Franklin, ayant remarqué que les pointes centralisent le fluide électrique, et que les métaux le laissent passer facilement, imagina le *paratonnerre*, qui est un moyen certain de préserver les maisons des incendies et des dégâts occasionnés par le tonnerre.

Cette machine consiste en une longue barre ou tige de fer surmontée par une baguette cylindrique de cuivre rouge, terminée en pointe, et qu'on dresse au sommet des édifices. — Du pied de cette tige part une

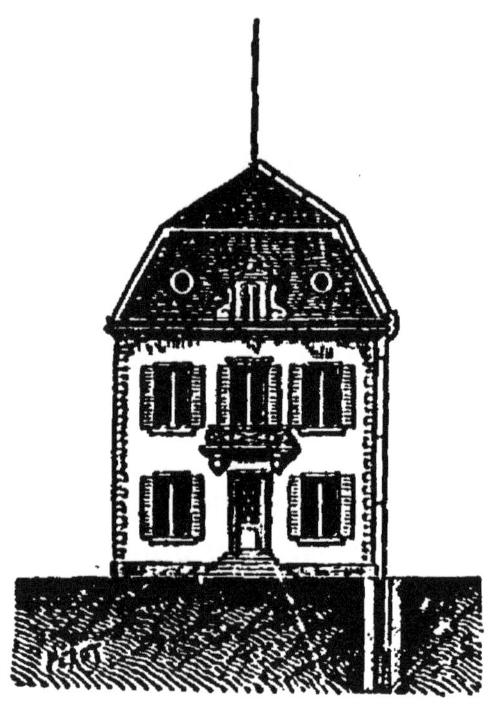

Fig. 56. — Paratonnerre.

autre tige, une chaîne ou une corde en fil de fer, laquelle, servant de conducteur, descend, en suivant le mur, dans un puits, ou dans un trou fait en terre.

Le fluide électrique des nuages s'unit à celui que laisse échapper la pointe du paratonnerre, et, par le conducteur en fer, s'écoule jusque dans la terre, où il se perd sans faire aucun dégât. On peut ainsi protéger les corps compris dans un espace circulaire d'un rayon double de la hauteur de la tige.

9. Pour qu'un paratonnerre, au lieu d'être utile, ne devienne pas dangereux, il doit remplir certaines conditions :

1° Il faut que la tige et le conducteur métalliques qui le forment aient un diamètre suffisant : autrement, ils seraient fondus, volatilisés, si la foudre les traversait ;

2° Il faut qu'il y ait communication parfaite entre sa pointe et le sol : s'il s'y trouvait la moindre interruption, la foudre s'échapperait par là ;

3° Si le bâtiment sur lequel est établi le paratonnerre contient des pièces métalliques volumineuses, telles que toiture de zinc ou de plomb, charpente en fer, ces pièces doivent communiquer avec le conducteur du paratonnerre ;

4° Il faut que la chaîne qui touche le sol plonge dans l'eau d'un puits, dans une terre humide.

Questionnaire.

1. Qu'est-ce que le tonnerre?

2. Qu'est-ce que découvrit Franklin?

3. Qu'est-ce qu'il prouva par ses expériences? — Quand dit-on que le tonnerre est tombé?

4. De quoi résulte l'éclair?

5. Par quoi est produit le roulement du tonnerre?

6. Faut-il s'effrayer du tonnerre? — Faut-il s'y exposer sans précaution?

7. Quelles sont les précautions à prendre contre le tonnerre pendant un orage?

8. Existe-t-il un moyen de préserver les maisons de la foudre? — Quel est le pouvoir des pointes sur le fluide électrique? — Qu'est-ce que le paratonnerre?

9. Quelles conditions doit-il remplir?

CHAPITRE XXXV.

De l'optique. — Des différentes sources de la lumière. — De quoi se compose la lumière du soleil; spectre solaire. — Analyse spectrale. — Réflexion, réfraction de la lumière; l'arc-en-ciel. — Actions chimiques produites par la lumière; la photographie. — Des différents vices de la vue; comment on y remédie. — Des instruments propres à étendre la vue. — Télescopes. — Microscopes.

1. Le *soleil* est la principale source de lumière pour notre globe. La lune et certaines étoiles ne nous renvoient que celle qu'elles reçoivent du soleil.

On produit aussi une lumière artificielle plus ou moins vive à l'aide du feu, en brûlant différents corps liquides, solides ou gazeux; exemple : les huiles, le gaz d'éclairage, le métal nommé *magnésium*.

On développe encore une lumière éclatante à l'aide de certains appareils d'électricité.

La partie de la physique qui traite de la lumière s'appelle *optique.*

2. La vitesse de la lumière est très grande : elle parcourt 77 000 lieues, ou plus de 300 000 kilomètres par seconde.

3. La lumière du soleil, qui nous paraît blanche, est, en réalité, composée de sept couleurs, les mêmes que nous voyons dans l'arc-en-ciel.

En voici la preuve. — On s'enferme, par un beau soleil, dans une chambre où les rayons de cet astre n'arrivent que par un trou du volet. Puis on fait passer ces rayons à travers un bâton de cristal en forme de coin, et que l'on nomme *prisme.*

Si l'on place une feuille de papier blanc derrière ce petit instrument, on voit, en effet, s'y peindre sept couleurs : le violet, l'indigo, le bleu, le vert, le jaune, l'orangé et le rouge.

C'est ce qu'on appelle le *spectre solaire.* Examiné avec un grossissement suffisant, à l'aide d'une forte loupe, le spectre présente des raies noires disposées régulièrement. Les lumières artificielles, celle du soleil, des étoiles, présentent, dans le spectre lumineux qu'elles produisent, des différences telles dans les dispositions de ces raies, qu'on peut, par ce moyen, déterminer les substances qui produisent ces rayons lumineux. C'est ce qu'on appelle l'*analyse spectrale*.

4. *L'arc-en-ciel*, qui apparaît après la pluie et offre les mêmes couleurs, n'a pas d'autre cause. — Ce sont les rayons du soleil qui, en traversant les gouttelettes d'eau, se sont partagés, comme en passant à travers le prisme.

5. On dit qu'un corps est *transparent* ou *diaphane*, quand il laisse passer la lumière ; *opaque*, quand il ne la laisse pas passer. — Le verre, voilà un corps transparent ; le marbre, voilà un corps opaque. Les corps à demi transparents, comme la porcelaine, sont *translucides*.

6. Les corps brillants, tels que l'acier poli, les miroirs, réfléchissent ou renvoient la lumière, ce qu'on appelle aussi la *réflexion de la lumière*. Si un miroir, au lieu d'être plat, est concave, c'est-à-dire creusé légèrement en sphère, il devient grossissant. Si, au contraire, il est légèrement bombé ou convexe, il rapetisse les objets qui s'y réfléchissent.

7. On appelle *réfraction* de la lumière le changement de direction qu'éprouvent les rayons lumineux en passant obliquement d'un corps dans un autre, de l'air dans l'eau par exemple[1]. Tous les corps ne *réfractent* pas également : ceux qui réfractent le plus sont les plus *réfringents*. Tels sont certains verres nommés *crown-glass* et *flint-glass*, employés, pour cette qualité, dans la fabrication des instruments d'optique. Les phares sont munis de verres ou de lentilles concaves, qui, en réfractant la lumière de leurs lampes, lui donnent un éclat tel qu'on les voit de fort loin.

8. La lumière du soleil décompose certaines substances et leur imprime l'image des objets.

On a tiré parti de cette propriété dans la *photographie*[2]. — C'est un procédé par lequel les images des objets, après avoir traversé une lentille (verre grossissant), sont

---

1. C'est la réfraction qui, dans ce dernier cas, donne l'apparence brisée à une tige quelconque plongée dans l'eau.

2. Ou *daguerréotype* (du nom de Daguerre, son inventeur).

reçues dans une caisse noire nommée *chambre obscure*. Là, ces images s'impriment sur une plaque de verre qui a subi certaines préparations chimiques. On applique ensuite sur cette même plaque un papier préparé à l'aide de certaines substances qui y fixent définitivement l'image des objets. On peut ainsi tirer un nombre indéfini d'exemplaires de la même image, et obtenir en quelques secondes un portrait, la reproduction d'un monument, d'un site, d'objets d'art ou d'histoire naturelle.

9. L'œil ou le sens de la vue nous fait juger de la couleur, de la forme et de l'éloignement des objets. La distance de la vision distincte est généralement de 25 à 30 centimètres pour de petits objets, comme des caractères d'imprimerie.

10. Il y a différents vices de la vue. — On appelle *myopes* les personnes qui ont la vue courte, ou qui ne voient bien que de près : chez les myopes, la vue distincte ne s'étend pas jusqu'à 20 centimètres ; *presbytes*, celles qui ont la vue longue, c'est-à-dire qui voient mal de près, bien de loin, ce qui est commun chez les vieillards. Les presbytes

ne voient distinctement qu'à 50 centimètres et plus.

On remédie à la vue courte en portant des lunettes à verres concaves, c'est-à-dire creusés en dedans.

On remédie à la vue longue en portant des lunettes à verres convexes, c'est-à-dire bombés. Les conserves ne sont que des verres colorés destinés à diminuer l'intensité de la lumière pour les yeux affaiblis.

11. Différents instruments ont été inventés pour augmenter la portée naturelle de la vue. Les uns grossissent les petits objets : ce sont les loupes, les microscopes.

Les *loupes* sont des verres ou lentilles convexes, c'est-à-dire bombés des deux côtés, et qui grossissent plusieurs fois l'objet qu'on examine.

Les *microscopes* sont des instruments composés essentiellement de deux verres convexes, qui grossissent jusqu'à 5 ou 600 fois le diamètre d'un objet.

Le *microscope solaire*, d'une construction plus compliquée, utilise la lumière du soleil pour produire une image extraordinairement agrandie des objets. — Avec cet instrument, une puce parait avoir la grosseur d'un bœuf.

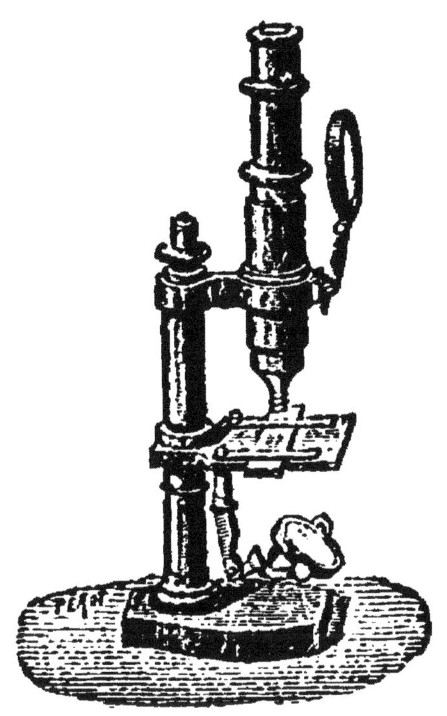

Fig. 57. — Microscope.

12. D'autres instruments d'optique étendent la vue au delà de sa portée naturelle : tels sont les *lunettes d'approche* ou *longues rues*, les *télescopes*.

Les *lunettes d'approche* se composent de quatre lentilles ou verres taillés de manière à rapprocher les objets, et enchâssés dans un cylindre ou tuyau composé de plusieurs pièces susceptibles de s'allonger ou de se raccourcir.

Les *télescopes* sont de très longues lunettes, avec lesquelles on voit à des distances considérables. — On s'en sert pour étudier les astres. Il y a des télescopes dont la longueur atteint jusqu'à 16 mètres, et qui grossissent jusqu'à 1300 fois les astres que l'on étudie à l'aide de ces instruments.

Questionnaire.

1. Qu'est-ce que l'optique ? — Quelle est la principale source de lumière pour notre globe ?

2. Quelle est la vitesse de la lumière ?

3. La lumière du soleil est-elle d'une seule couleur ? — Expliquez de quelle manière on décompose la lumière de cet astre.

4. Qu'est-ce qui produit l'arc-en-ciel ?

5. Quand dit-on qu'un corps est transparent ? — opaque ? — translucide ? — Exemple.

6. Qu'appelle-t-on réflexion de la lumière ? — Quels effets produisent les miroirs concaves ? — les miroirs convexes ?

7. Qu'appelle-t-on réfraction ? — corps réfringents ? — Indiquer les applications de ces corps.

8. Quelle est l'action de la lumière sur certaines substances ? —

Qu'est-ce que la photographie?

9. De quoi l'œil nous fait-il juger?

10. Quels sont les différents vices de la vue? —Qui appelle-t-on myopes? — presbytes? — Comment remédie-t-on à la vue courte?—à la vue longue? — Qu'appelle-t-on conserves?

11. Quels sont les instruments dont on se sert pour grossir les objets? —Qu'est-ce que la loupe? — le microscope ordinaire? — le microscope solaire?

12. Qu'est-ce que la lunette d'approche? — Qu'est-ce que le télescope?

CHAPITRE XXXVI.

De l'acoustique. — Ce qui produit les sons. — Manière dont les sons parviennent jusqu'à l'oreille. — Porte-voix. — Explication de l'écho. — Diapason. — La voix humaine. — Vitesse du son dans les différents corps.

1. La partie de la physique qui traite des sons s'appelle *acoustique*.

Le *son* est produit par une espèce de frémissement dans les molécules des corps.

Ce frémissement s'appelle *vibration.* — On le sent très bien en posant le doigt sur l'objet qui résonne. — On l'aperçoit même dans les cordes d'un instrument de musique. Les sons sont d'autant plus aigus que les vibrations qui les produisent sont plus rapides; plus les sons sont bas, au contraire, moins nombreuses sont les vibrations.

2. Sans l'air, les différents sons, le bruit des cloches, les sons de la voix, des instruments de musique, etc., n'existeraient pas.

En voici des preuves. — Si l'on place la sonnerie d'une pendule sous la cloche d'une machine pneumatique où l'on a fait le vide, le timbre frappé par le marteau ne rend aucun son. — Un coup de pistolet tiré sur le sommet d'une haute montagne ne fait pas plus de bruit qu'un claquement de fouet, parce que l'air y est raréfié.

3. Les vibrations des corps produisent dans l'air qui les entoure un ébranlement ou un choc, qui, de proche en proche, se fait sentir jusqu'à l'oreille.

4. Ainsi, les sons produits par une cloche proviennent des vibrations qu'elle communique à l'air environnant.

Il en est de même dans les instruments de

musique, qu'il s'agisse d'instruments à cordes ou d'instruments à vent : les sons proviennent des vibrations de l'air ébranlé par les cordes ou par les tuyaux de l'instrument.

5. Le *diapason* est un instrument d'acier qui a la forme d'un petit fer à cheval allongé, et qui est muni d'un pied, sur lequel on le pose pour le faire résonner. Il fait toujours entendre le même son et sert à accorder tous les autres instruments de musique.

6. En sortant de la poitrine par le canal de la respiration, l'air produit la *voix*.

7. Le *porte-voix* est un tuyau destiné à renforcer la voix, et dont on se sert pour se parler à distance, par exemple, d'un vaisseau à un autre que l'on rencontre en pleine mer. — Tels sont aussi les *tubes acoustiques* dont on se sert pour communiquer d'une chambre à une autre pièce éloignée.

Les *cornets* que les personnes sourdes appliquent contre leurs oreilles ont aussi pour effet de renforcer les sons. Cela résulte de ce que les corps solides transmettent les sons plus rapidement que l'air même.

8. *L'écho* est la répétition des mêmes sons par l'air, quand ces sons se trouvent renvoyés ou réfléchis par un obstacle tel qu'un bâtiment, un rocher, etc. — Nous entendons donc unécho toutes les fois que l'air en vibration vient frapper un corps, qui le renvoie comme une balle élastique qui rebondit. — Il y a des échos qui répètent plusieurs mots entiers, et les mêmes mots plusieurs fois de suite.

9. A une distance un peu éloignée, le son met un certain temps pour arriver du point où il est produit jusqu'à l'oreille : car il ne parcourt en moyenne que 340 mètres par seconde. La lumière marchant avec une rapidité infiniment plus grande que le son, on n'entend le bruit d'une arme à feu que quelques instants après avoir vu la lueur de l'explosion. C'est ce qu'on peut particulièrement observer quand on voit tirer le canon à une longue distance.

10. De même, on peut juger de l'éloignement d'un orage par le temps qui s'écoule entre l'éclair et le bruit du tonnerre. Si la foudre tombe à un endroit peu éloigné de l'observateur, comme le son parcourt 340

mètres par seconde, et comme la lumière se transmet instantanément, il suffit, pour connaître la distance du point frappé, de multiplier le nombre ci-dessus par le chiffre des secondes comptées entre l'éclair et le coup de tonnerre. Si, par exemple, on a le temps de compter ainsi 10 secondes, la distance cherchée est de 3 400 mètres.

11. Le son se transmet à travers les liquides et les solides avec une vitesse plus considérable que dans l'air. Dans l'eau cette vitesse est 4 fois, dans le fer 16 fois, dans le bois de sapin 18 fois plus grande que dans l'air.

Questionnaire.

1. Qu'est-ce que l'acoustique ? — Qu'appelle-t-on vibration? Qu'est-ce qui produit le son?

2. L'air est-il nécessaire à la production des sons ? — Donnez-en la preuve.

3. Comment le son arrive-t-il jusqu'à l'oreille?

4. D'où proviennent les sons produits par les instruments de musique?

5. Qu'est-ce que le diapason ?

6. Qu'est-ce qui produit la voix ?

7. Qu'est-ce que le porte-voix ? — les tubes acoustiques? — les cornets?

8. Qu'est-ce que l'é-

cho? — Par quoi est-il produit?

9. Pourquoi n'entend-on le bruit d'une arme à feu qu'après avoir vu la lumière?

10. Comment juge-t-on de l'éloignement d'un orage? — Comment mesure-t-on la distance qui sépare un observateur d'un point foudroyé?

11. Comment le son se transmet-il dans les liquides et dans les solides?

TABLE DES MATIÈRES

On trouve à la même Librairie :

PETIT COURS DE SCIENCES USUELLES ET AGRICOLES, avec questionnaires, à l'usage des écoles primaires et des pensionnats, par *M. le docteur Saucerotte,* professeur de sciences physiques et naturelles, chevalier de la Légion d'honneur, officier de l'Instruction publique; 6 vol. in-18.
Chaque volume se vend séparément.

PETITE COSMOGRAPHIE DES ÉCOLES, simples notions sur les astres et la Terre considérée comme corps céleste : cinquième édition; in-18, avec gravures dans le texte et planches gravées. — 80 c.

PETITE HISTOIRE NATURELLE DES ÉCOLES, simples notions sur les minéraux, les plantes et les animaux qu'il est le plus utile de connaître : vingt-sixième édition; in-18, avec gravures dans le texte.— 80 c.

PETITE PHYSIQUE DES ÉCOLES, simples notions sur les applications les plus utiles de cette science aux usages de la vie : dix-huitième édition; in-18, avec gravures dans le texte. — 80 c.

PETITE CHIMIE DES ÉCOLES, INDUSTRIELLE ET AGRICOLE, simples notions sur les applications les plus utiles de cette science à l'agriculture, à l'industrie et à l'économie domestique : neuvième édition; in-18, avec gravures dans le texte. — 80 c.

PETITE AGRICULTURE DES ÉCOLES, suivie de notions d'Horticulture, simples notions sur la culture des champs et des jardins : cinquième édition; avec gravures dans le texte. — 80 c.

PETITE HYGIÈNE DES ÉCOLES, simples notions sur les soins que réclame la conservation de la santé : dix-huitième édition, suivie du rapport de *M. Delpech sur les premiers symptômes des maladies contagieuses qui peuvent atteindre les enfants admis dans les écoles maternelles et les écoles primaires;* in-18, avec gravures dans le texte. — 80 c.

www.ingramcontent.com/pod-product-compliance
Ingram Content Group UK Ltd.
Pitfield, Milton Keynes, MK11 3LW, UK
UKHW021209140726
13695UKWH00002B/429